手绘设计表现

第2版

COLLECTION OF HAND DRAWING

主编 林文冬

机械工业出版社

本书围绕手绘设计表现这一主题，根据难易程度和表现的内容不同，将内容分为四大部分：基础篇、步骤演示篇、学生作品评析篇、作品赏析篇。基础篇介绍了设计表现中的透视原理、常用工具、线条应用，以及家具、植物等陈设配景的画法；步骤演示篇着重介绍了室内、建筑、园林景观效果图的绘制方法和步骤；学生作品评析篇，通过展示历届及在校学生的作品，并对其优点和缺点加以点评，对一些较普遍的错误加以指正，让学生相互间进行横向比较，以更好地提高学生的手绘能力；作品赏析篇则精选了作者本人多年来教学和实践所积累的大量手绘作品，涵盖了室内家居空间部分、室内公共空间部分、园林景观部分和建筑外观部分，内容丰富，示范性强。

　　本书适合作为高等院校环境设计等相关专业的教材，也适合于手绘表现爱好者学习、临摹，以及设计工作者参考。

图书在版编目（CIP）数据

手绘设计表现/林文冬主编.—2版—北京：机械工业出版社，2015.2（2025.8重印）
ISBN 978-7-111-49045-6

Ⅰ.①手…　Ⅱ.①林…　Ⅲ.①建筑设计－绘画技法　Ⅳ.① TU204

中国版本图书馆CIP数据核字（2014）第306730号

机械工业出版社（北京市百万庄大街22号　邮政编码100037）
策划编辑：张敬柱　周晓伟　责任校对：周晓伟
封面设计：鞠　杨　　　　责任印制：常天培
河北虎彩印刷有限公司印刷
2025年8月第2版第5次印刷
210mm×285mm · 10印张 · 253千字
标准书号：ISBN 978-7-111-49045-6
定价：88.00元

电话服务　　　　　　网络服务
客服电话：010-88361066　机 工 官 网：www.cmpbook.com
　　　　　010-88379833　机 工 官 博：weibo.com/cmp1952
　　　　　010-68326294　金 书 网：www.golden-book.com
封底无防伪标均为盗版　机工教育服务网：www.cmpedu.com

　　手绘，对于当今的设计师来说，早已不再陌生了。许多设计师都已经熟练掌握了手绘表现技法，为设计带来极大的帮助，在设计工作中发挥着重要的作用。手绘是表达创意灵感、推敲设计方案的无可替代的最佳方法，也是一个设计师必备的技能。手绘设计表现能力的强弱已经成为衡量设计师水平高低的重要标准。因此，掌握好手绘设计表现这门设计师的独特语言，是成为一名优秀设计师的基础。

　　为此，编者在机械工业出版社的大力支持下，于2006年和2009年相继出版了《手绘设计表现作品集》《手绘设计表现》两本手绘书，得到了广大读者的喜爱和大力支持，同时也收获了一些专家提出的宝贵意见，在此表示衷心的感谢。不少读者也提出，前两本书在室内表现方面内容比较多，建筑外观和园林景观方面虽有涉及，但是内容较少，希望能增加建筑外观和园林景观方面的内容。为满足更多更广的手绘爱好者的需求，使本书的内容更加丰富，为此，在前两本书的基础上，增加了建筑外观和园林景观方面的内容，完成了此书的修订。书中除了本人设计创作的作品外，还抱着学习的态度临摹了庐山手绘训练营部分教师和其他手绘大师的一些作品，从中受到不少启发，在吸取他们优秀作品精华的基础上，也融入了自己的风格。在此对所临摹作品的原作者表示敬意！

　　另外本书中还选入了一些历届及在校学生谢树鑫、刘雯雯、刘金瓶、余佩津、吴绮雯、严炜欣、朱惠君、吴信斌、方蕴莹、廖申婷、梁嘉欣、黄志波、冼冠成等人较为优秀的课堂手绘练习。在此也对他们的支持表示感谢！

　　本书不足之处在所难免，还望多方指点和斧正，不胜感激！

林文冬

2015 年 1 月　于广州

目　录

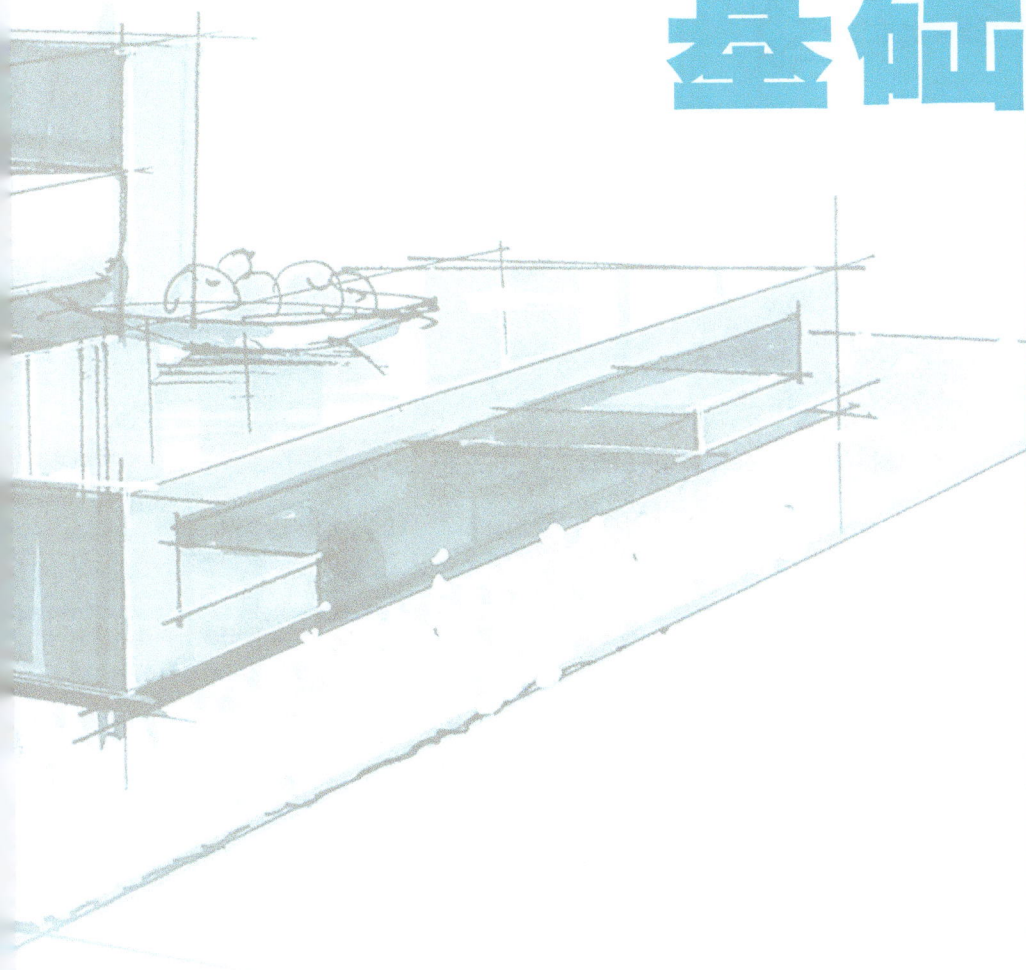

基础篇

手绘设计表现概述

设计师要将他的设计变成现实，首先就是要通过一定的形式把它表现出来，形成设计方案，再通过施工人员的施工成为现实。然而闪烁于设计师头脑中的构思火花是看不见摸不着的，甚至是稍纵即逝的。那么最好的方法就是快速地在图纸上表现出来，并且通过反复揣摩、修改，最后成为完善的设计方案（图1-1），使之成为设计师与业主和施工人员之间沟通的重要桥梁。因此，掌握手绘设计表现这一特定的行业语言，就成了设计师必不可少的基本技能，也是衡量设计师水平的重要标准。

手绘设计表现，也称手绘效果图，是通过绘画的形式在画面上表达设计思想和意图的一种专业语言。它能直观地表达出设计完成后所呈现出来的空间造型、设计风格以及色彩、光影、材质等效果，给业主以直观、感性的认识，给施工人员以直接、形象的指导，同时又再次为设计师对方案设计的修改和完善、造型的把握提供参考。因此，设计师的设计方案或作品能否被人们所接受，其专业语言——手绘设计表现技法运用的熟练程度就成了成功与否的关键。也就是说，高质量的效果图为设计师的设计作品被人们所欣赏和接受提供了保证。

图1-1 弗兰克·盖里的设计草图和建成后的古根海姆博物馆

手绘设计表现的特点和常用工具

一、手绘设计表现的特点

    手绘设计表现融合了科学性、艺术性和实用性这三个特点。

    科学性是指设计表现图的绘制不同于一般的绘画。一般绘画作品可随画家个人的爱好、风格、表现内容任意发挥，甚至是让常人难于理解和琢磨的抽象画，表现出完全虚幻的空间（图1-2、图1-3和图1-4）。但手绘设计表现必须真实地反映设计方案建成后的效果，融合了业主的要求和设计师的理念，并根据客观现实的空间尺度、比例关系、透视原则等因素而绘制的，并且可以通过施工成为现实的实用空间。（图1-5和图1-6）

    艺术性是指手绘设计表现又是绘画的一种。绘画中所讲究的构图、色调、层次、虚实、意境、笔触效果、绘画技巧等审美要求，在手绘设计表现中同样应该具备。把方案设计构思借助具有很高审美情趣的艺术画面来表现，通过画面的艺术魅力打动业主，将是使方案成功实施的一个非常关键的因素。

    实用性是指手绘设计表现技法灵活、操作简便，不但能快速地表达自己的设计构想，还可以在与客户面对面时边交流边画，更好地表达自己的设计意图；也可以在施工现场通过手绘表现与施工人员进行沟通。任何语言的说明，都达不到直观手绘的沟通效果。

    手绘设计表现的科学性是相对较容易把握的，但是作品能否吸引、打动业主，就取决于设计师对艺术性的把握，即设计师的艺术修养水平和绘画技能的熟练程度，这是需要设计师经过长期的积累、领悟和磨炼，熟能生巧以后才能达到较高的水平，并形成自己的表现风格。

    科学性和艺术性是相辅相成的。只追求空间透视和比例尺度的效果图是生硬的、没有生气的。而艺术性又必须建立在严谨的科学性的基础上，并在具体的实践中得到发挥和体现。

图1-2 凡·高绘画作品

图1-3 毕加索绘画作品

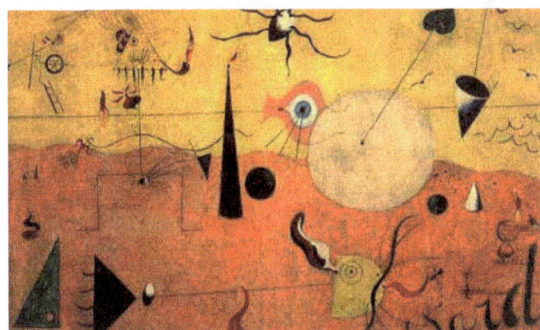

图1-4 米罗绘画作品

图1-5 国外手绘室内效果图

图1-6 国外手绘建筑效果图

二、手绘设计表现的常用工具

1. 绘线稿工具（图 1-7）
（1）铅笔：画草图或透视图起稿时用，方便修改。
（2）钢笔：主要有美工笔、特细钢笔，用于画速写和勾画草图。
（3）针管笔：分为一次性针管笔和常规吸墨针管笔，用于绘制较精细、严谨的透视图，常和直尺结合起来使用。

2. 着色工具（图 1-7）
（1）彩色铅笔：有水溶性和干性之分。色彩丰富、细腻，渐变自然，笔触粗细变化自如，易于把握。
（2）麦克笔：主要有油性和水性两种。油性麦克笔颜色透明度和色彩衔接性好，笔头较宽，笔触效果强烈，色彩明快鲜艳，但易扩散，不易把握。水性麦克笔笔头稍窄，笔触融衔接性较差，但墨色不易扩散。

3. 纸张
（1）绘图纸：纸质细腻白净、厚实，绘画效果佳。
（2）复印纸：物美价廉，较为常用。
（3）硫酸纸：适于针管笔描绘，效果独特。
（4）有色卡纸：可根据环境色调选择不同颜色的卡纸，有特殊效果，适于彩色铅笔着色。麦克笔着色后有些颜色尤其是浅色不明显甚至变色。

4. 其他辅助工具
（1）直尺：用于绘制直线。
（2）橡皮：用于擦除铅笔线。
（3）高光笔：用于刻画细部亮边。
（4）涂改液：用于提点高光。

图 1-7 手绘设计表现的常用工具

透视原理及在手绘设计表现中的应用

一、什么是透视

　　设计师要将三维空间的物体描绘到二维的画面上，并且仍然具有三维立体的空间效果，这就要求设计师必须熟练掌握透视知识。

　　透视是一种绘画术语，是物体呈现在人们眼里的一种近大远小的视觉现象。即在日常生活中我们观察物体时，由于物体与观察者之间距离的远近不同，在视觉上会呈现出大小变化，离得近的物体看起来要大些、清晰些，而离得远的物体看起来则显得小一些、模糊一些，越远越小，直到完全消失。

　　透视图是运用几何学的中心投影原理，用点和线表达物体造型和空间造型的直观形象，具有表达准确、真实且符合人们视觉印象中造型和空间形象的特点，是设计者表达空间设计构思和意图的重要手段。它将光学、数学、物理学、美学、特别是画法几何的原理运用到了绘画中。

二、透视基本术语

　　为了更好地掌握透视，我们必须了解透视学中的一些基本术语。从图1-8中我们可以了解有关的术语名称及它们的作用。

　　（1）基面（GP）：基面也称地面，是承载物体的基础平面。

　　（2）立点（SP）：立点又称站点，是观察者所站立的地点。

　　（3）视点（E）：视点是指观察者眼睛所在的点。

　　（4）视角（R）：视角指视线观察到的区域。物体在视中线左右60°圆锥范围内时，看到的物体比较自然、清晰；超过60°时，物体较为模糊、易变形，一般虚化处理。

　　（5）视高（H）：从视点（E）到立点（SP）的垂直距离为视高，即视点的高度。

　　（6）画面（PP）：在观察者与观察对象之间的一个假想的透明且与视线垂直的面为画面。

　　（7）视平面（HP）：观察者眼睛高度所在的水平面为视平面。

　　（8）视平线（HL）：视平面与画面的交线为视平线，视平线永远都要保持水平。

　　（9）灭点（VP）：灭点也称为消失点，是物体透视延长线的集中消失点。

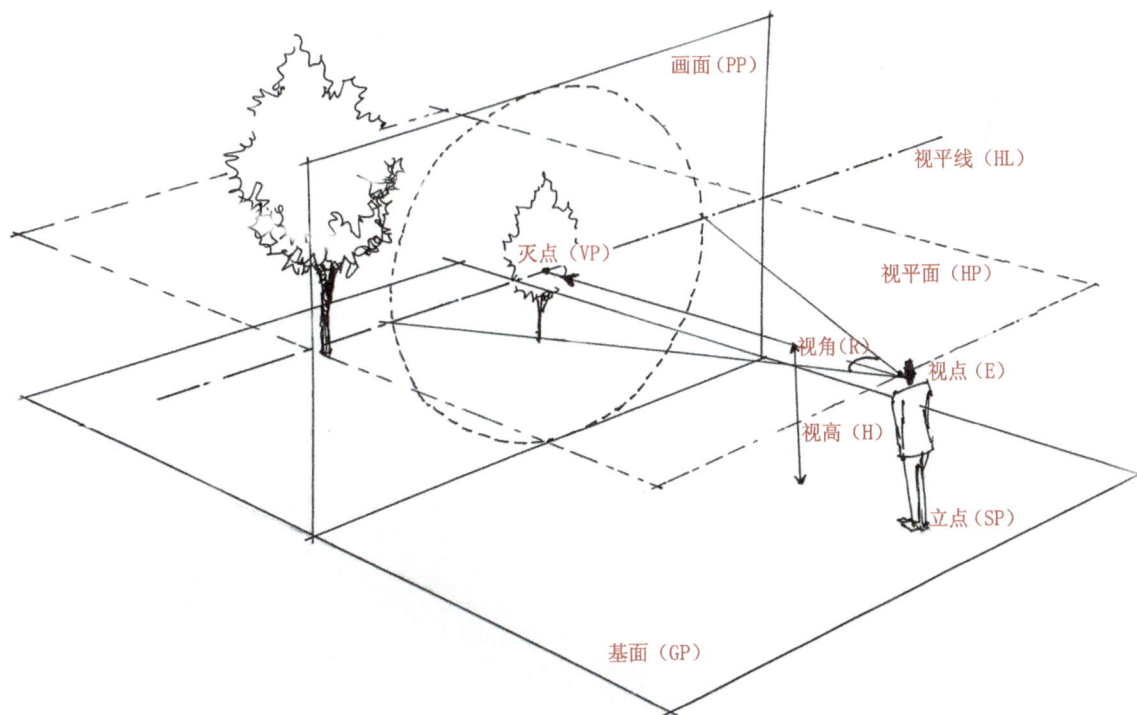

图1-8 透视系统及名称示意图

三、常用透视形式

在手绘设计表现中常用的透视形式有以下四种。

1. 平行透视（图1-9～图1-11）

平行透视也叫一点透视，这种透视只有一个灭点。其优点是表现的空间范围广，纵深感强，适合表现庄重、稳定、宁静的空间；缺点是比较呆板，不够生动。

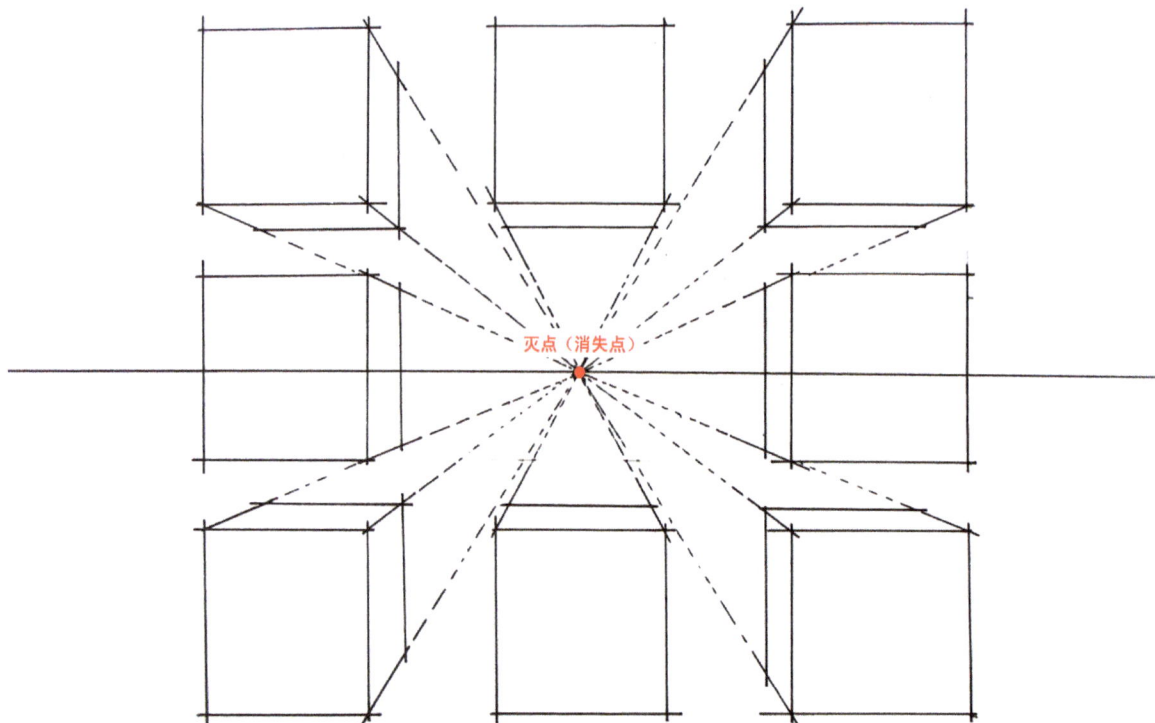

图1-9 平行透视示意图

图1-10 平行透视在室内表现中的应用

图 1-11 平行透视在建筑景观表现中的应用

2．成角透视（图 1-12 ～图 1-14）

这种透视有两个灭点，所以成角透视也称为二点透视。其优点是画面效果比较自然，活泼生动，反应的空间比较接近于人的真实感觉；缺点是角度选择不好，易产生变形，在室内透视图中往往表现的空间范围比较小，所以适于用来表现室内某个角落的特写。其在建筑外观表现中比较常用。

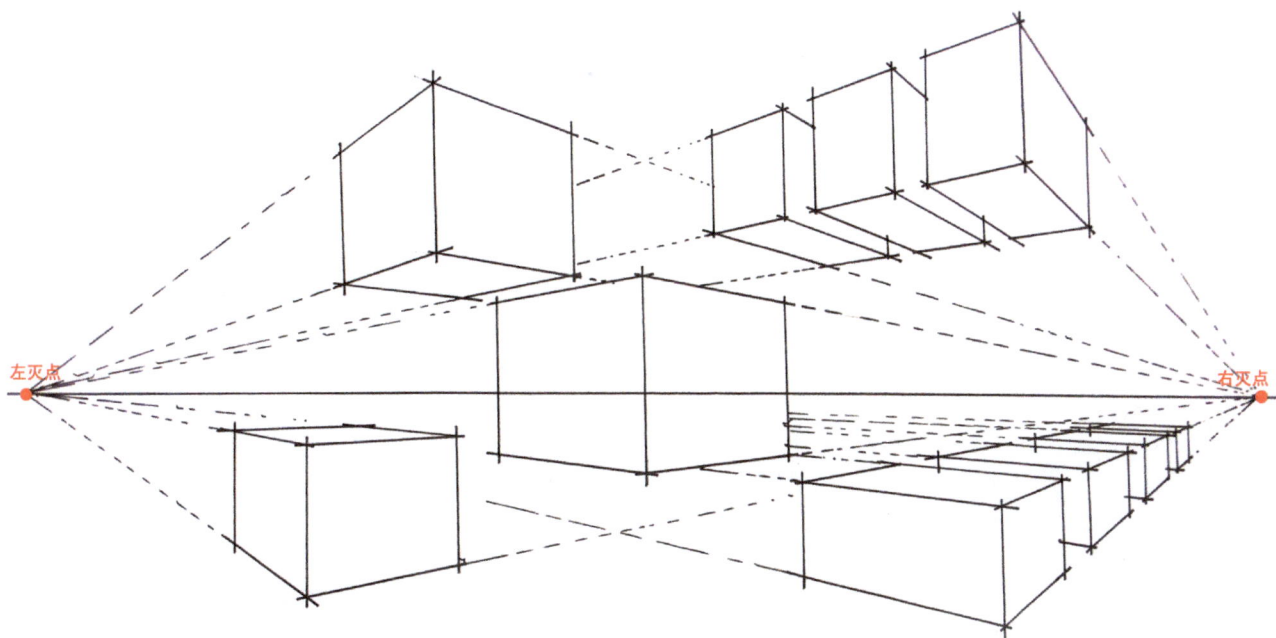

图 1-12 成角透视示意图

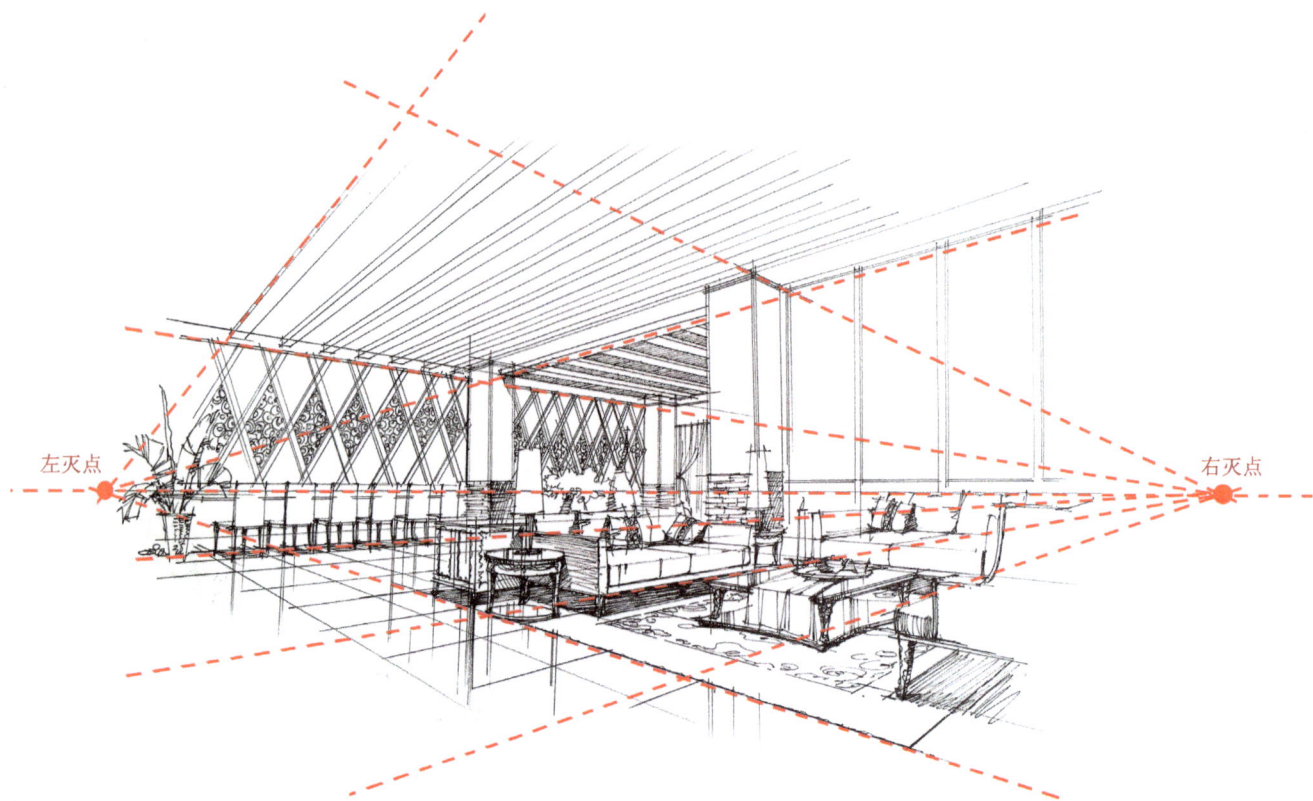

图 1-13 成角透视在室内表现中的应用

图 1-14 成角透视在建筑景观表现中的应用

3. 微角透视（图 1-15 ～ 图 1-17）

微角透视，也称倾斜透视或斜一点透视。其实这种透视有两个灭点，一个灭点控制画面的纵向线条，往往成为画面的中心焦点，习惯上称之为主灭点；另一个灭点则控制画面水平方向的线条，在画面偏左或偏右较远的位置（一般都在画面之外），习惯上称之为余点。如果余点的位置离画面中心较近，则易产生画面变形，因此余点最好不要出现在画面之中，在我们的感觉上知道它的大概位置，那么水平方向的线条就要凭眼睛目测来大致确定。但要求尽量准确，特别注意的是主灭点和余点都必须在同一视平线上。

此种透视是介于平行透视和成角透视两种画法之间的一种综合表现形式。它比平行透视更加活泼生动，又能表现较广的空间范围，且与我们的视觉效果相吻合。因此，微角透视是手绘设计表现中最为常用的透视形式。对于初学者来说比较难于把握，因此需要通过大量的练习，才能达到熟能生巧的地步。

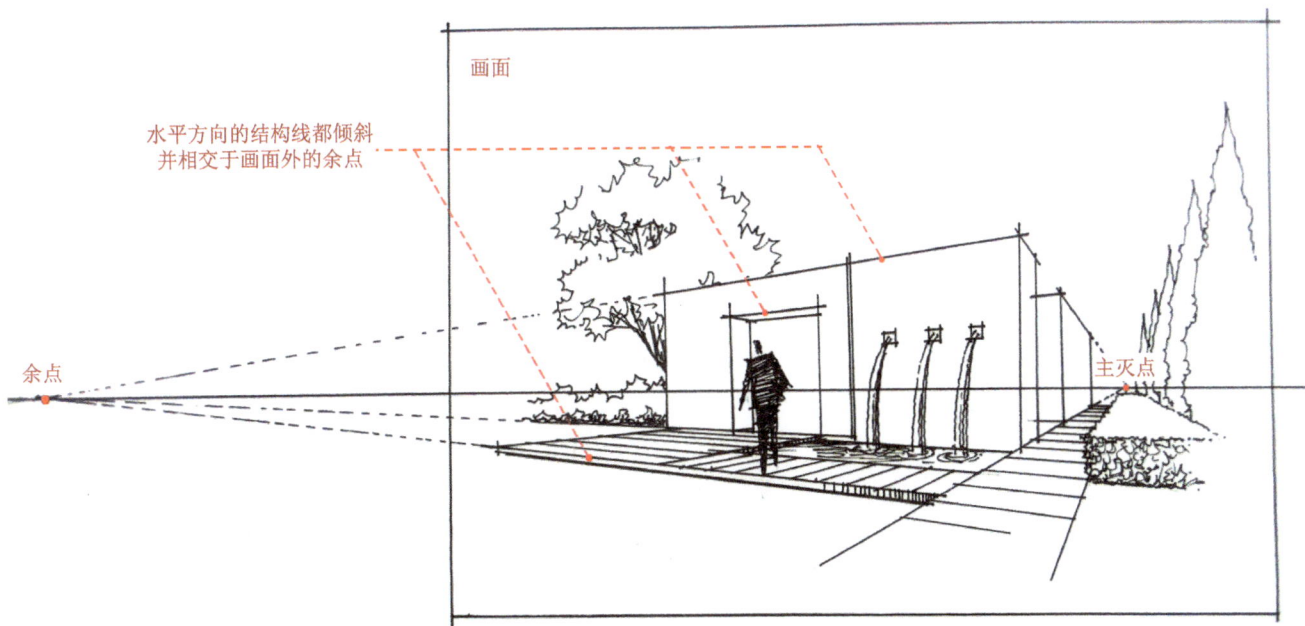

图 1-15 微角透视示意图

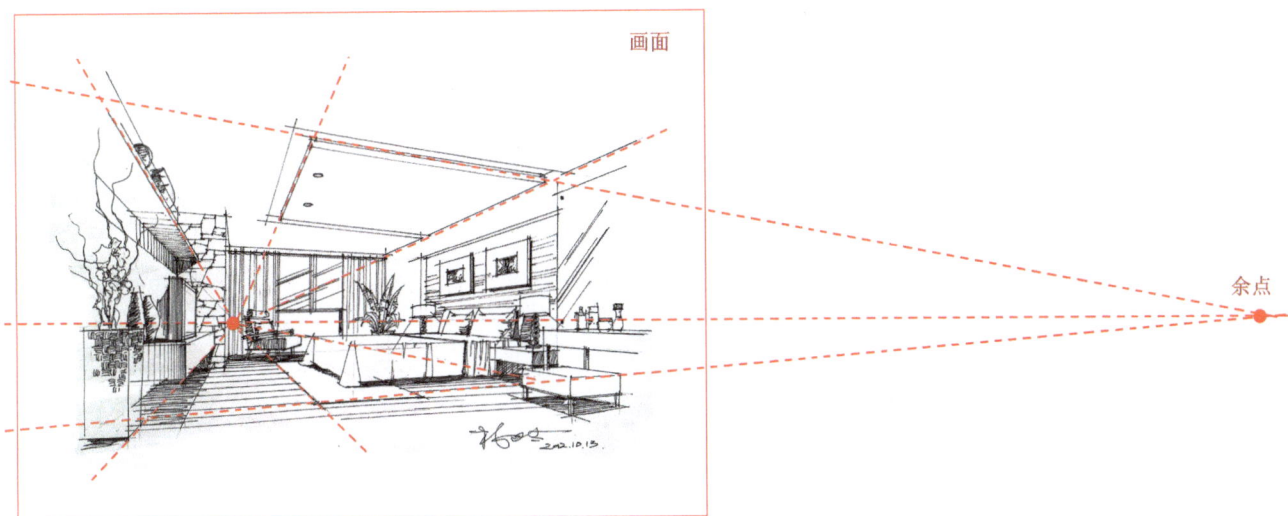

图 1-16 微角透视在室内表现中的应用

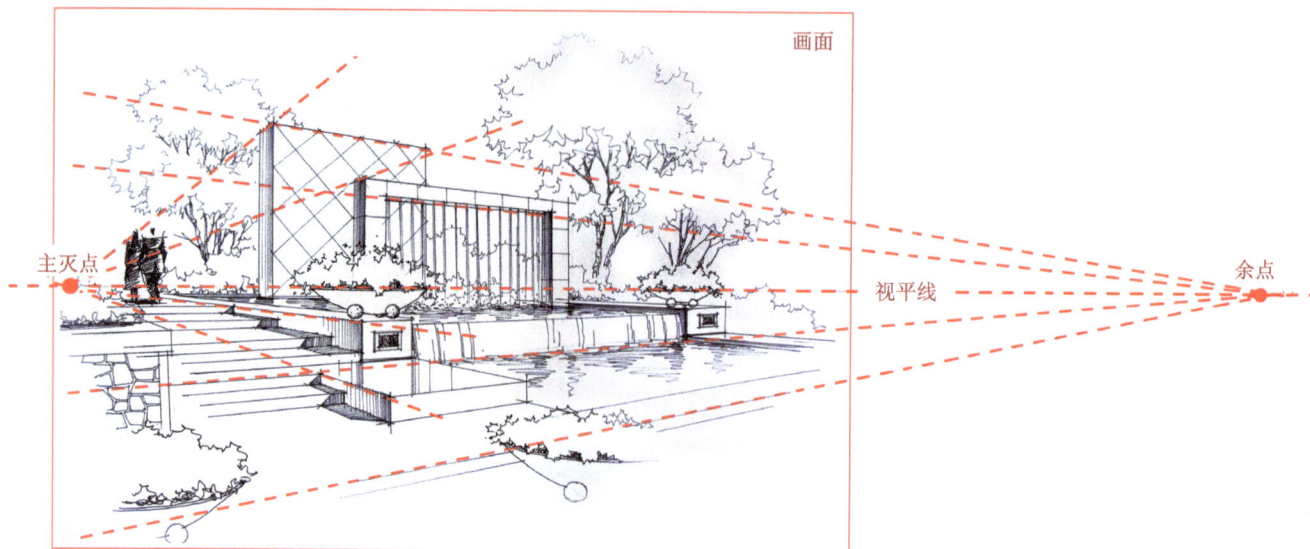

图 1-17 微角透视在建筑景观表现中的应用

4. 三点透视（图 1-18）

三点透视适用于高层建筑外观的效果图表现，具有很强的环境气氛表现力和渲染力，空间感强。

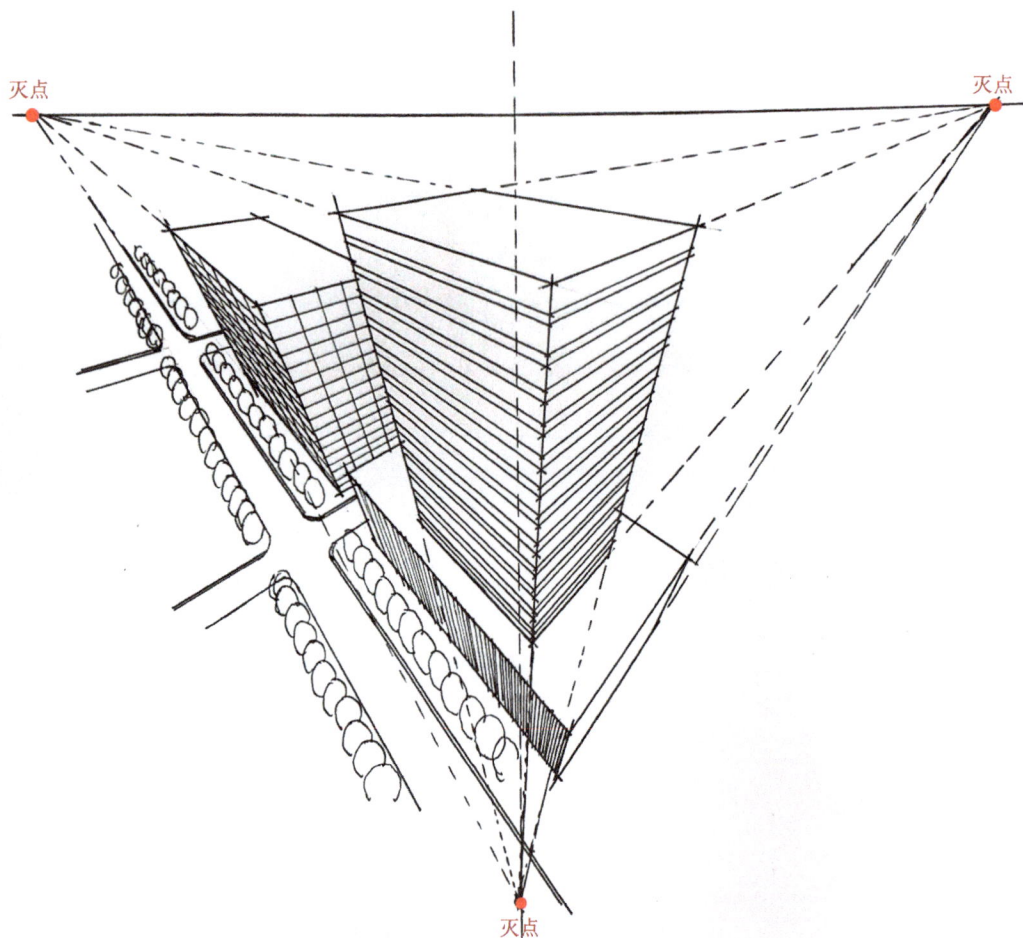

图 1-18 三点透视示意图

线条和色彩练习

1. 基本线型练习（图 1-19）

（1）直线：直线要流畅、刚劲有力；要有起笔、运笔、收笔三个节奏；要有快慢、轻重的变化；运笔要力透纸背，入木三分。

（2）斜线：斜线要有动感、刚劲有力、有气势。

（3）波浪线、曲线：波浪线、曲线要优美流畅，圆滑，有弹性。

（4）自由线：自由线要曲折自如，轻重有变，抑扬顿挫。

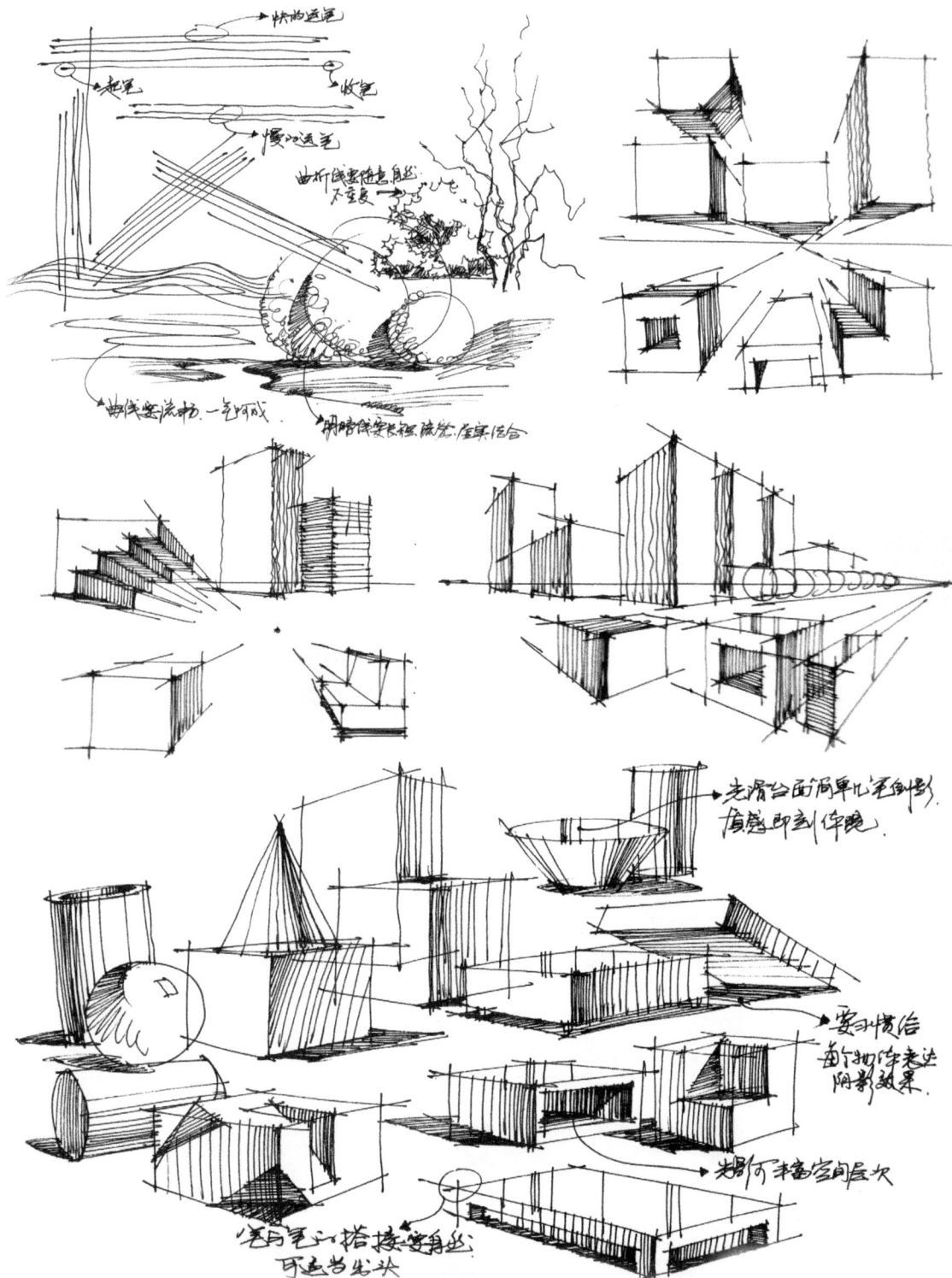

图 1-19 基本线型练习

2. 室内家具、陈设线稿练习 （图 1-20 ～ 图 1-21）

图 1-20 室内家具、陈设线稿练习（一）

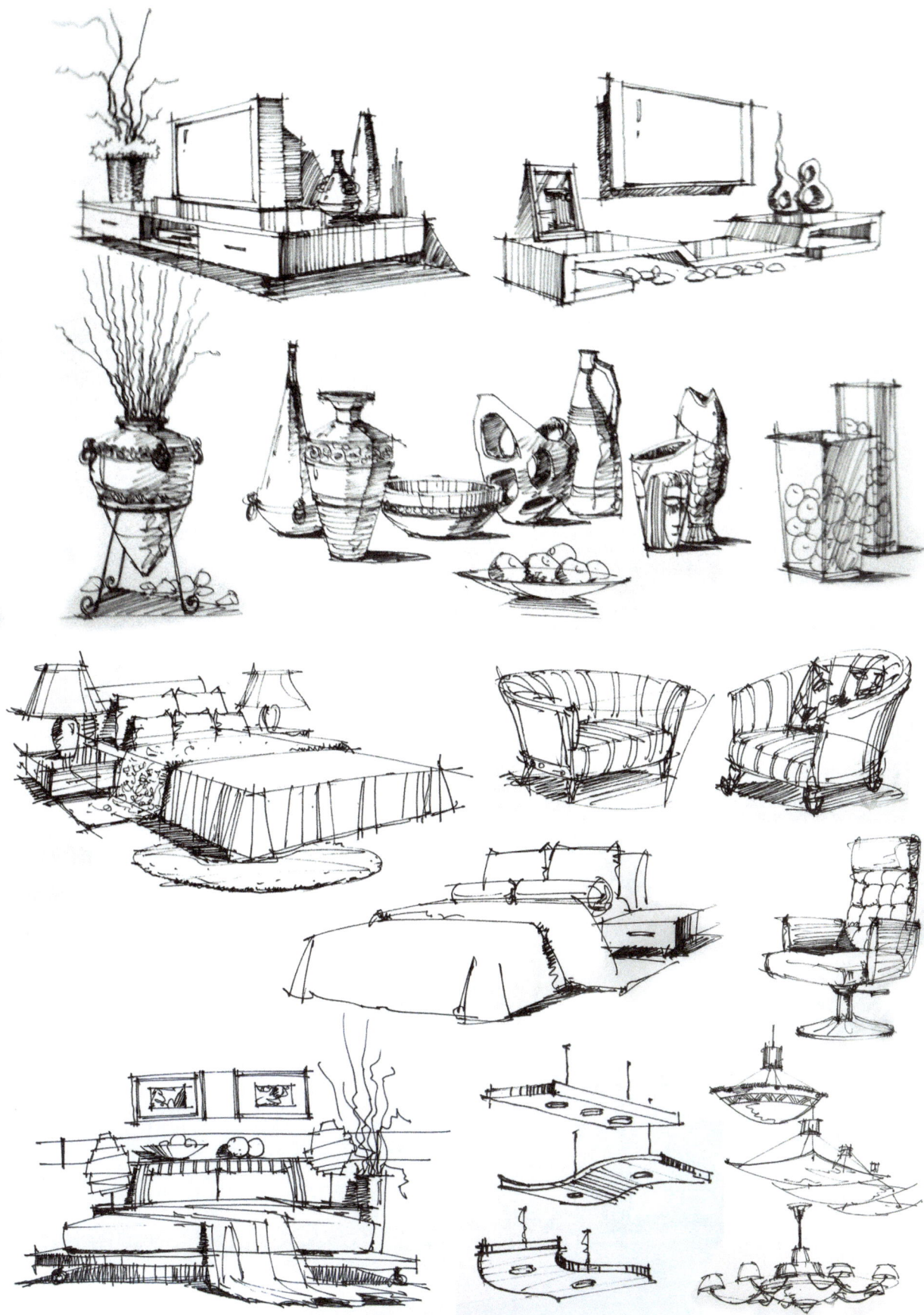

图 1-21 室内家具、陈设线稿练习（二）

3. 植物练习 （图 1-22～图 1-23）

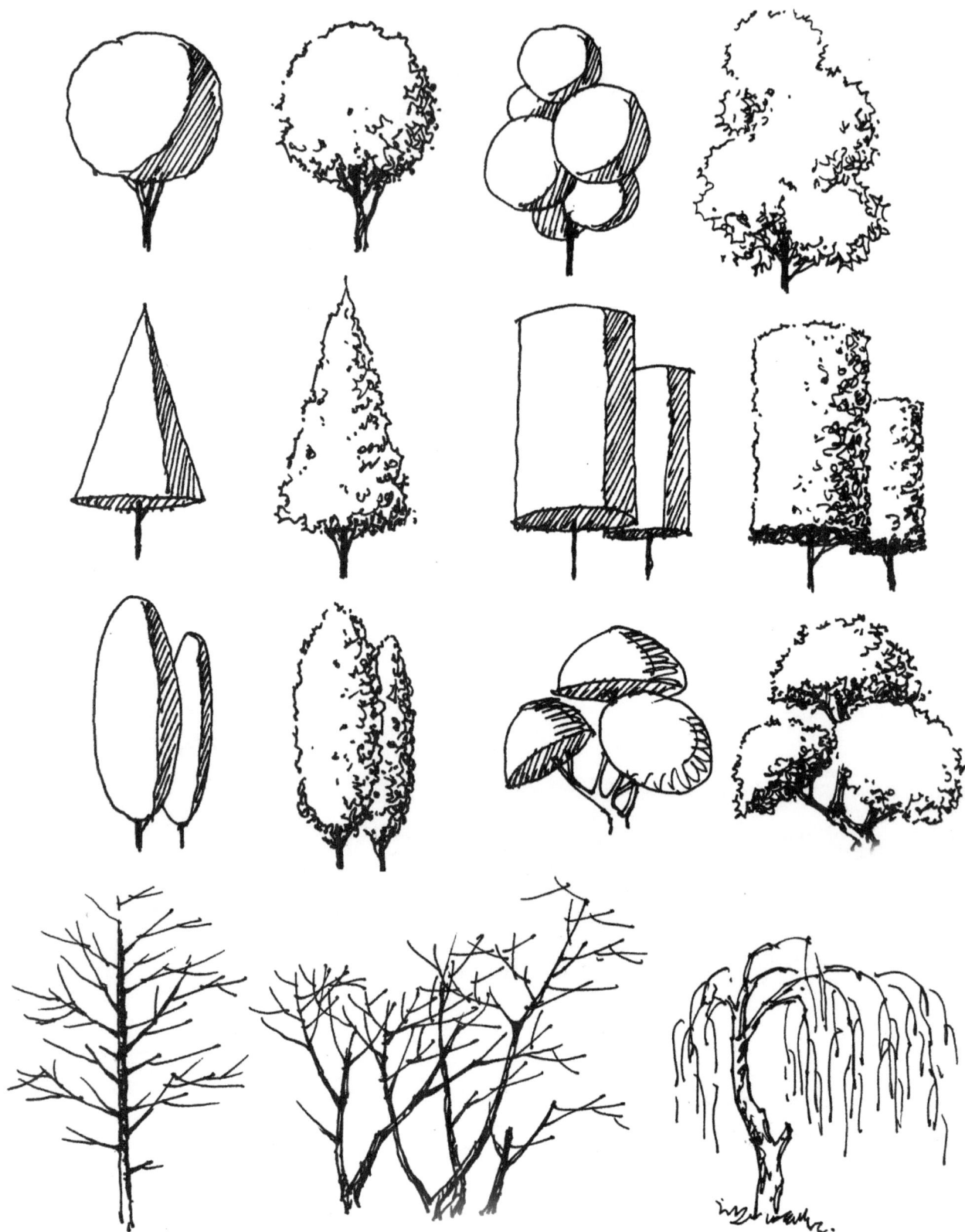

图 1-22 植物形体概况练习

图 1-23 植物练习

4. 人物练习（图 1-24）

图 1-24 人物练习

5. 室内空间速写练习（图 1-25 ～图 1-26）

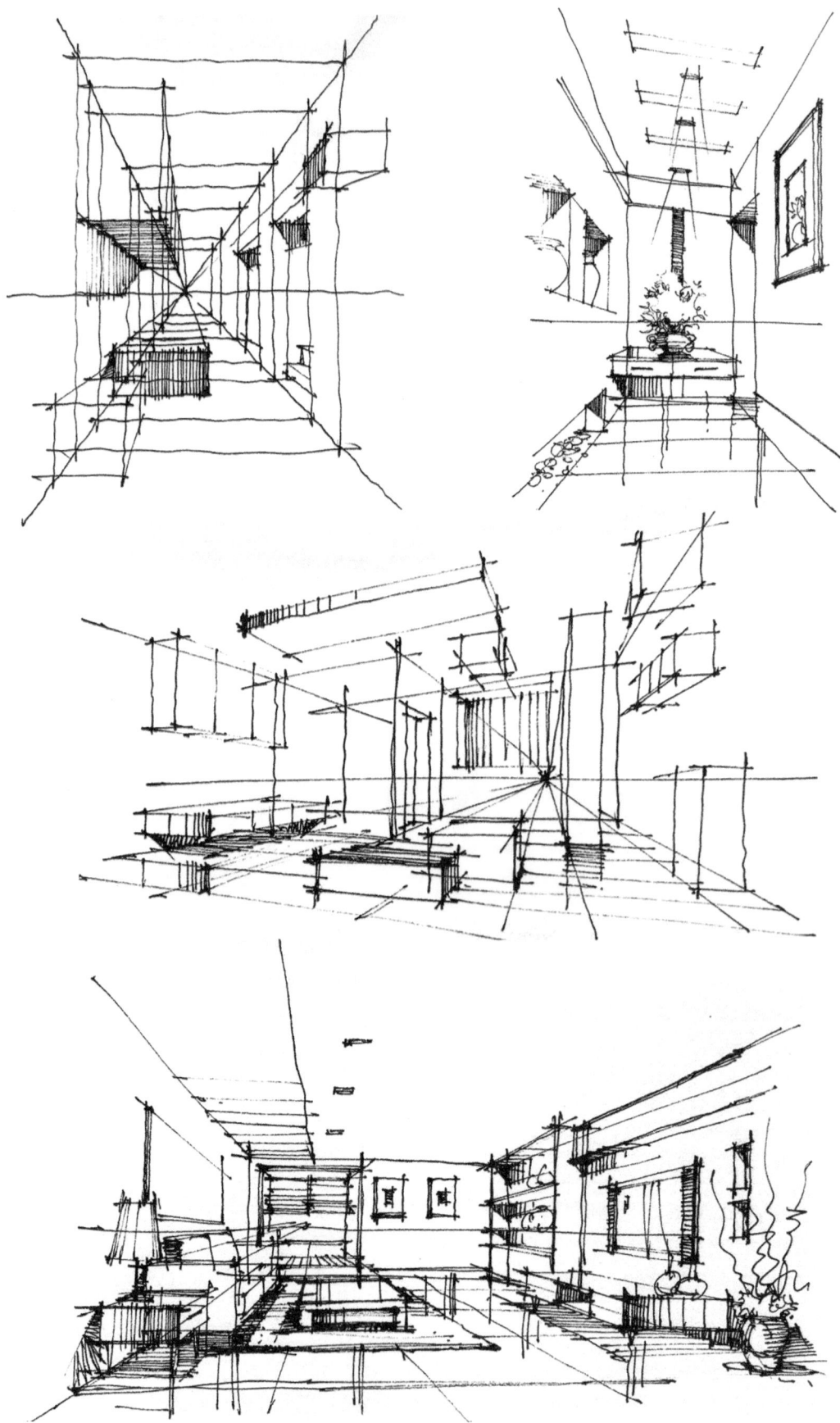

图 1-25 室内空间速写练习（一）

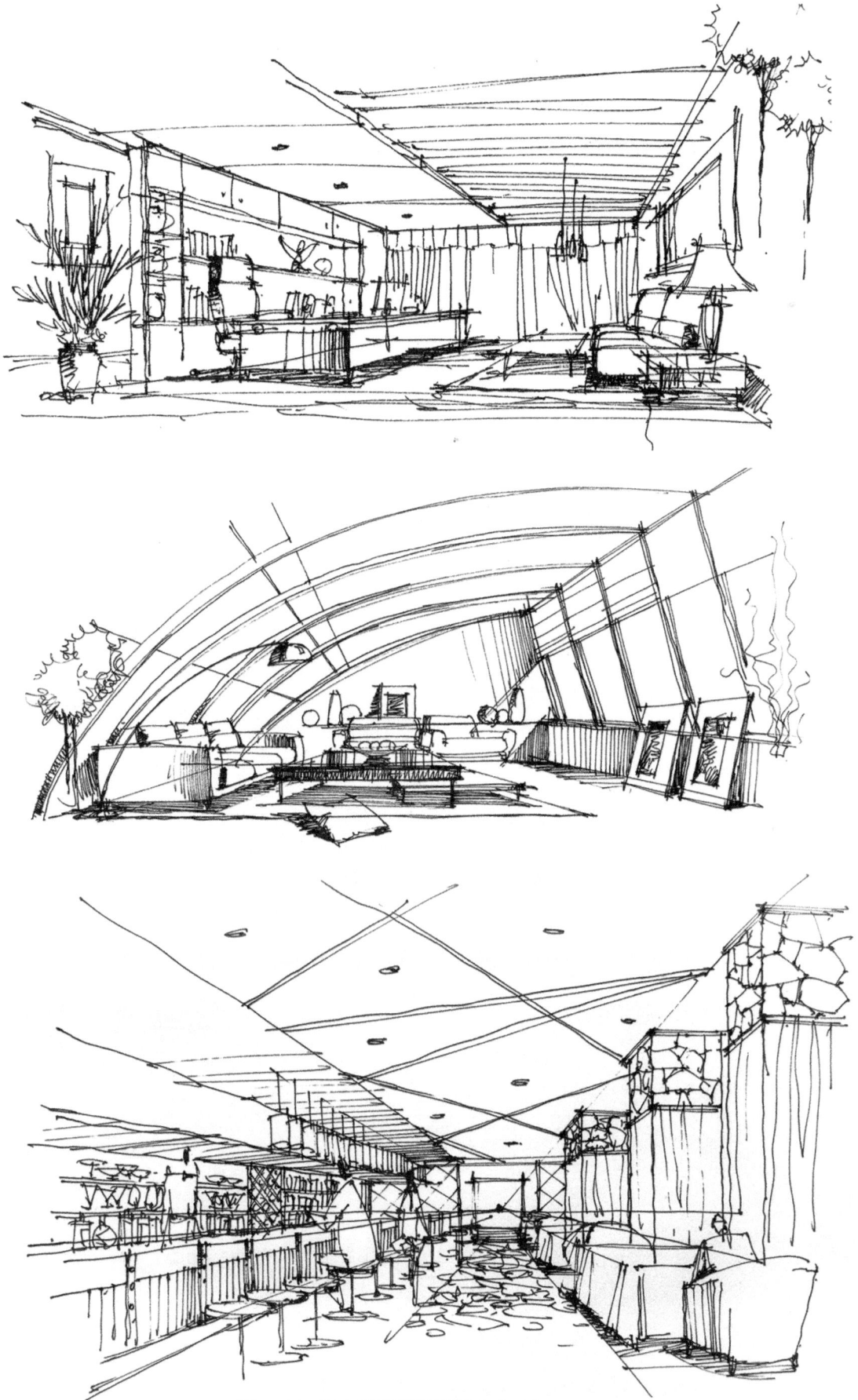

图 1-26 室内空间速写练习（二）

6. 室外空间速写练习（图 1-27～图 1-28）

图 1-27 室外空间速写练习（一）

图 1-28 室外空间速写练习（二）

7. 室内家具色彩练习（图 1-29～图 1-34）

图 1-29 室内家具色彩练习（一）

图 1-30 室内家具色彩练习（二）

图 1-31 室内家具色彩练习（三）

图 1-32 室内家具色彩练习（四）

图 1-33 室内家具色彩练习（五）

图 1-34 室内家具色彩练习（六）

8. 室外配景色彩练习（图 1-35 ～图 1-40）

图 1-35 植物色彩练习（一）

图 1-36 植物色彩练习（二）

图 1-37 花卉色彩练习

图 1-38 石材色彩练习

图 1-39 水景色彩练习

图 1-40 人物色彩练习

9. 室内空间速写色彩练习（图 1-41 ～图 1-42）

图 1-41 室内空间速写色彩练习（一）

图 1-42 室内空间速写色彩练习（二）

10. 景观小品色彩练习（图 1-43～图 1-45）

图 1-43 景观小品色彩练习（一）

图 1-44 景观小品色彩练习（二）

图1-45 景观小品色彩练习（三）

11. 建筑设计草图色彩练习（图 1-46）

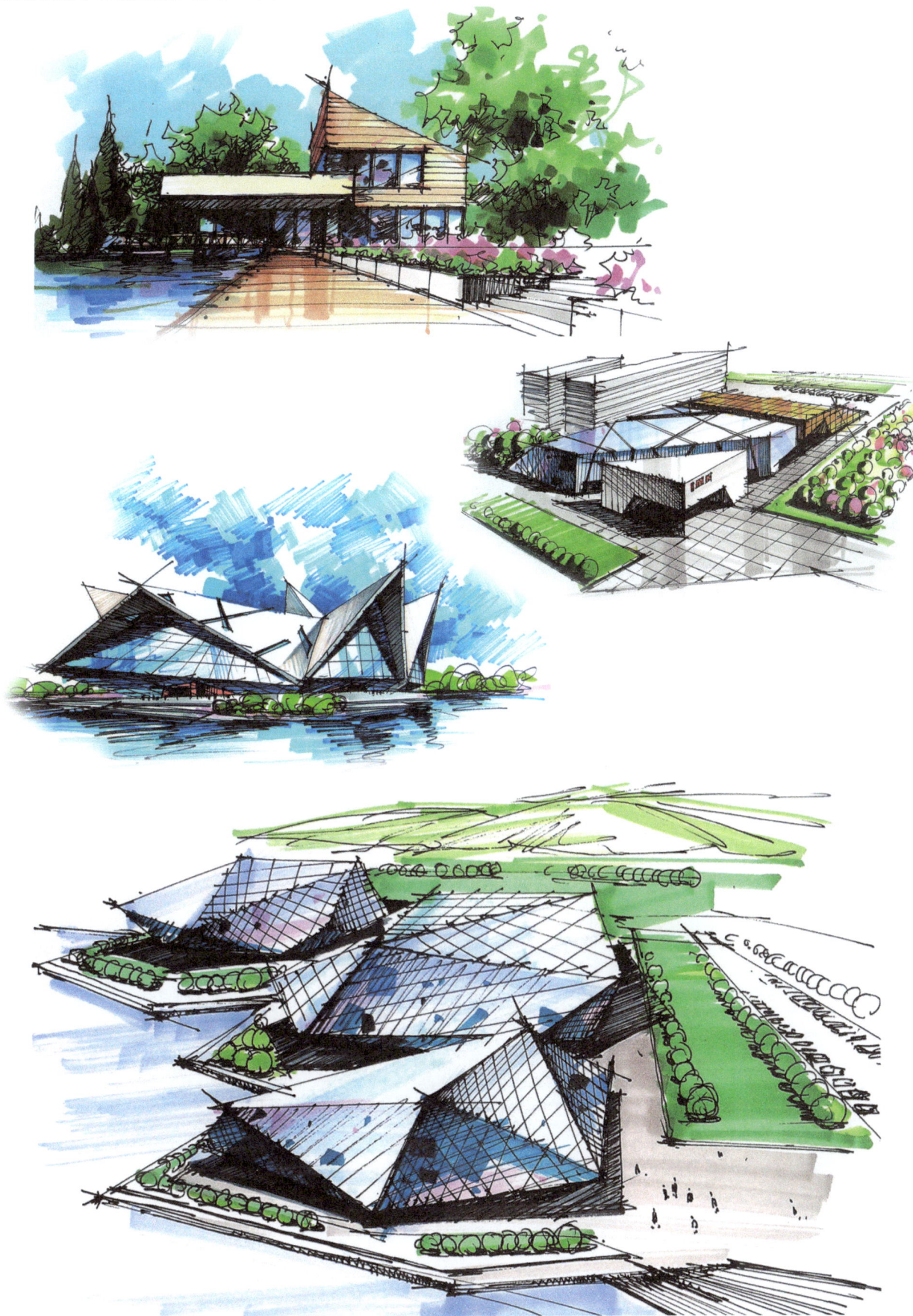

图 1-46 建筑设计草图色彩练习

风景写生练习

风景写生练习（图 1-47～图 1-55）对提高线条、色彩、空间的概括和把握能力起着不可或缺的作用。以自然为师，从大自然中汲取灵感，去寻觅、发现大自然的美，通过大量写生加以提炼、取舍、强化、升华，使之成为富有情感内涵、意境深邃的艺术作品。大自然是色彩训练的最好课堂，它提供了无比丰富的色彩变化和神奇美妙的动人景象，通过风景写生的实践，获得精湛的绘画技巧以及独具生命力的色彩语言。

图 1-47 风景写生练习（一）

图 1-48 风景写生练习（二）

图 1-49 风景写生练习（三）

图 1-50 风景写生练习（四）

图 1-51 风景写生练习（五）

图 1-52 风景写生练习（六）

图1-53 风景写生练习（七）

图 1-54 风景写生练习（八）

图 1-55 风景写生练习（九）

步骤演示篇

室内效果图

一、画法分类

手绘设计表现可分为严谨画法和徒手快速表现两种。

严谨画法：此种画法较为适用于初学者。画者借助直尺、铅笔等绘图工具，严格按照透视原理和规则，严谨细致地刻画。这样比较容易准确表达空间透视及形体结构，且先用铅笔起稿便于修改，但要注意铅笔稿不宜画得过于细致，只需描绘出空间和形体的大致轮廓和简单结构就行了，一些较为复杂的物体可适当描绘清楚些。切忌用铅笔把所有细节都表达完了，再用钢笔或针管笔描一遍。这样画出的线条显得拘谨，失去线条流畅自然和洒脱的韵味。初学者应多学习此种画法，通过一定量的练习和积累，熟练掌握透视的应用和表现技巧。

徒手快速表现：该画法要求画者必须具备扎实的透视基本功和熟练的速写功力，在把握基本透视的基础上熟练运用线条，准确、简洁、轻松、快速地表达空间和物体以及明暗，呈现线条的力度和魅力，给人以肯定、轻松、洒脱自如的艺术效果。再加以轻松熟练的马克笔用色涂色技巧，使效果图的画面达到技术与艺术的完美结合，更能体现出设计师的高超技艺。

徒手快速表现又分为两种：一种是从大空间框架入手，这样较容易把握空间整体透视，缺点是容易出现线条的重叠和交错，对画面有一定的影响，适合新手练习徒手画。另一种是从某个主体物入手，由单个物体到整个空间，一气呵成。这就要求设计师不但能准确把握空间透视和结构变化，还要有敏锐的空间想象能力，做到胸有成竹，才能挥洒自如、一气呵成。

二、绘图前的准备工作

在绘制效果图之前，首先要熟识相关的设计图，如平面图、立面图以及节点大样图，对整体设计有了较为深入的了解后再进行效果图的绘制，这样才能更为准确地表达设计方案所要求的效果。在画正稿之前最好先画几幅透视草图，这样可以更好地帮助设计师推敲和分析画面的透视、构图、视点及角度等，使设计表现图达到最佳的表现力。

三、严谨画法步骤演示

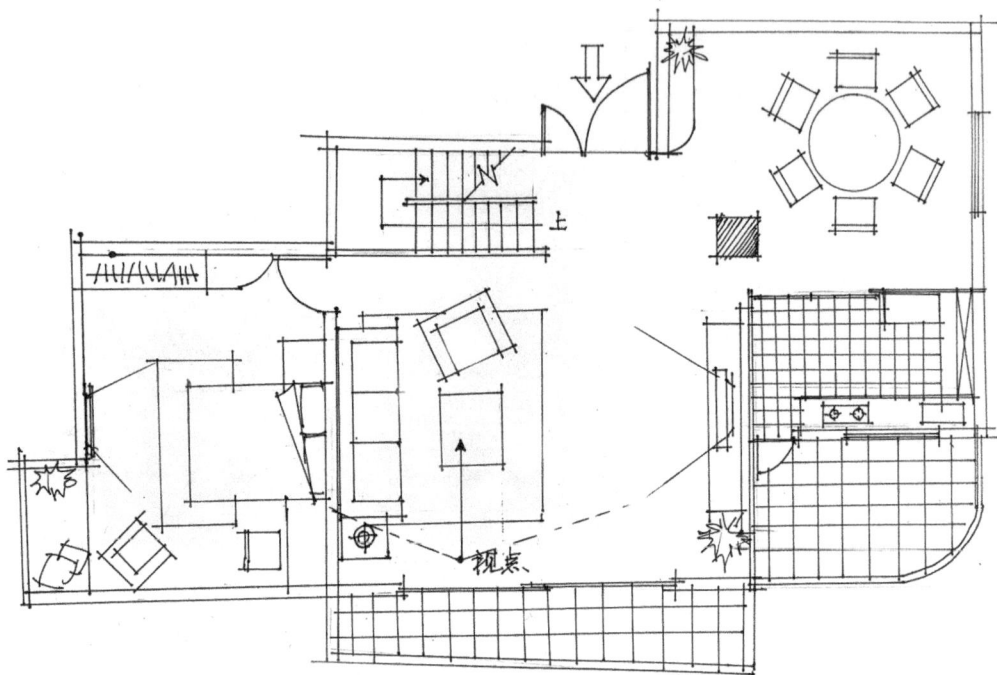

室内平面图

步骤 1：先根据平面图的布局确定视点，再选择好最佳透视形式。确定透视形式后，一般先用铅笔画出正立面，
　　　　然后根据视点的高度确定视平线并找出灭点的位置，再依据灭点画出空间框架和墙体结构的透视线。

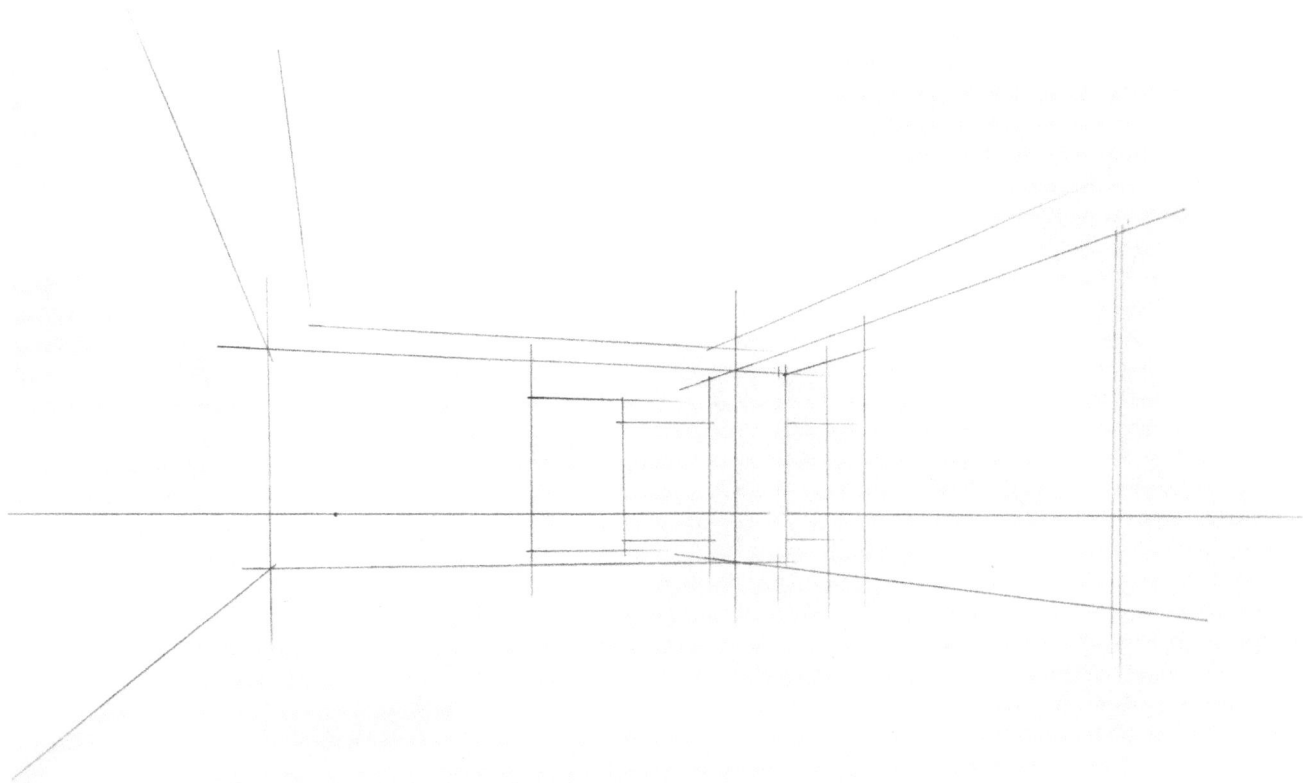

步骤 2：画出主要结构（门、窗、梁、柱、顶棚等）的位置及大致造型，注意空间、墙体、梁柱的穿插和比例关系。

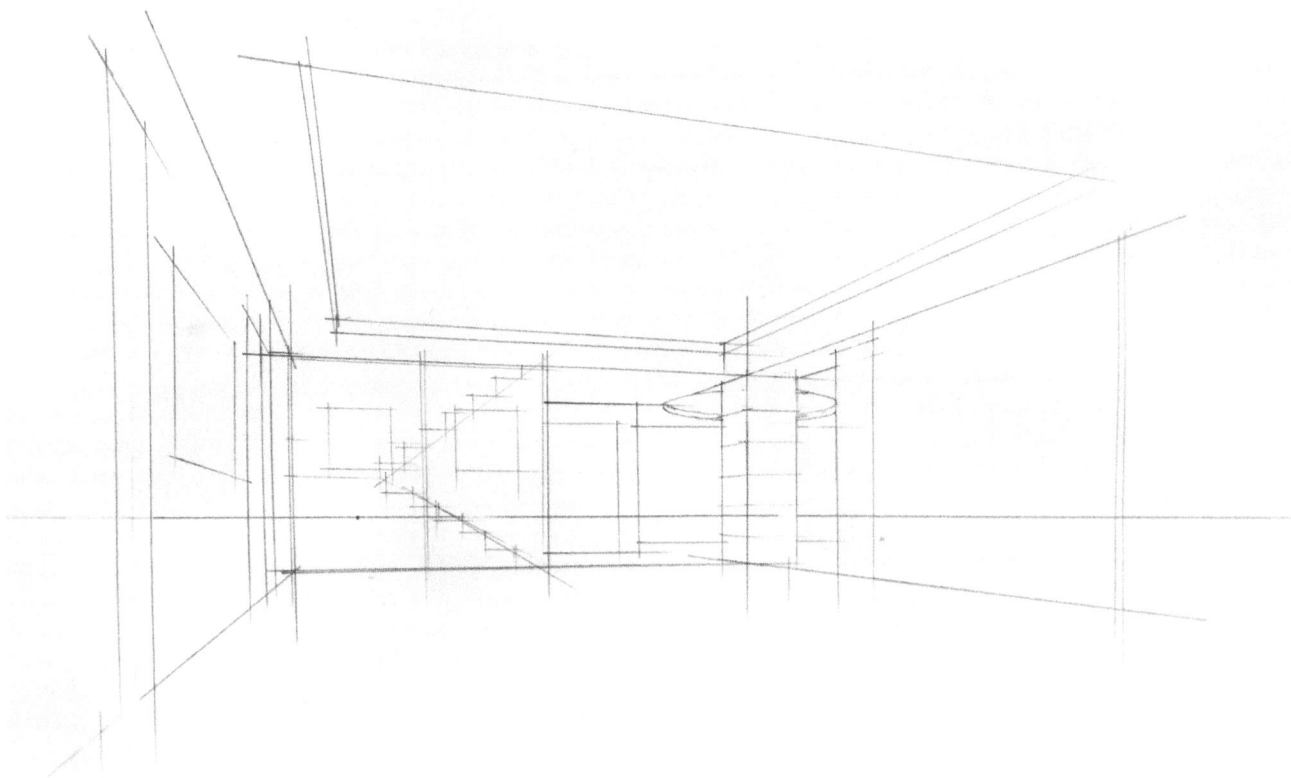

步骤3：画出主要家具的位置及大致透视形状，不必画得太具体。注意前后空间关系和比例关系。完成铅笔稿。

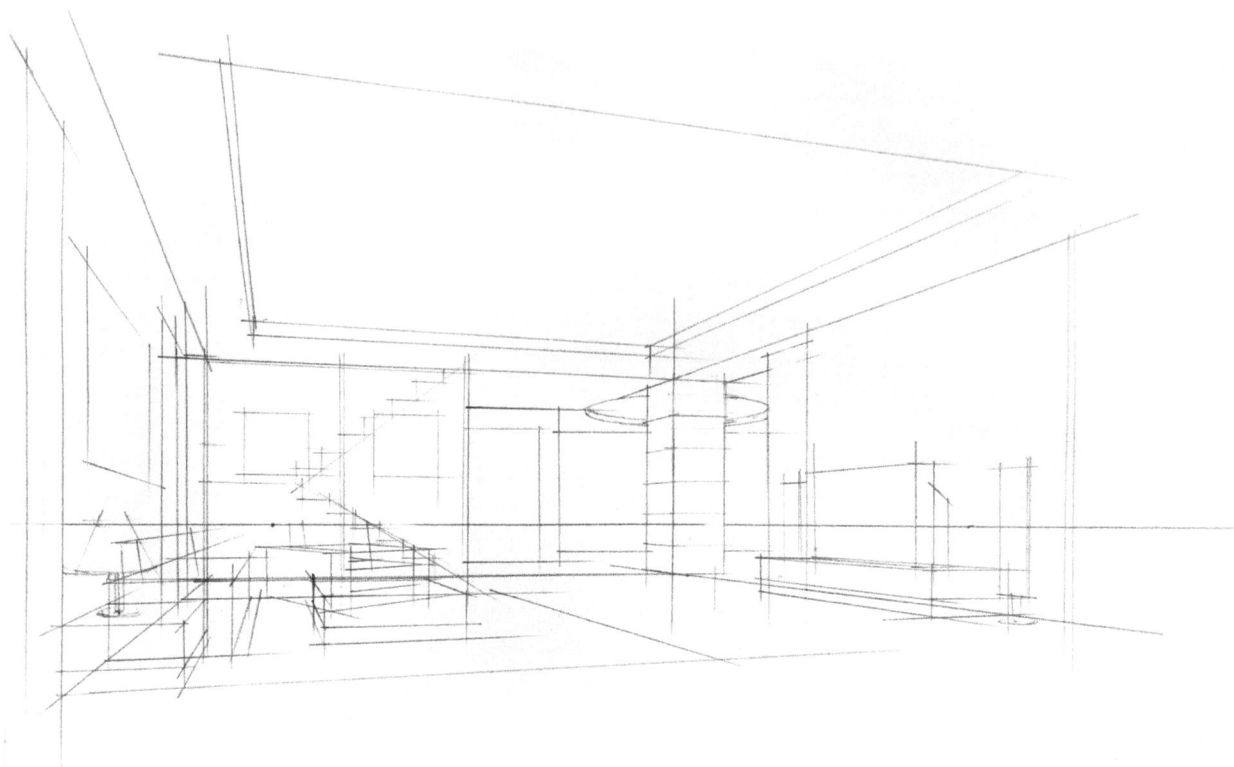

步骤4：用钢笔或针管笔刻画。基本按照由外往里、从主到次的顺序刻画，并适当表现物体的质感、明暗和光影效果。线条要自然流畅、肯定有力、简练到位。

步骤5：逐步画出其他家具或物体。

步骤6：继续画出墙体、门、窗、梁、柱、顶棚等结构。根据画面需要添加植物、花瓶、工艺品等陈设或装饰品。适当表现出地面的反光感，注意画面的主次和虚实。完成透视线描稿。

步骤7：着色。先从室内的主体物（组合沙发）开始入手，根据物体的固有色画出其基本色调并强调明暗关系和体积感，适当表达物体与物体、物体与环境之间色彩的相互影响。

步骤8：继续画出电视机、电视柜、背景墙等物体的色彩。注意色彩笔触的虚实和物体之间的光影表达。

步骤9：画出主要立面的色调。色彩不宜太重，尤其是墙体，注意灰调子的应用。

步骤10：画出顶棚和地面的色彩。顶棚颜色要浅，地板以深灰色为主，融入环境色，使地面色彩丰富而透明，强调其镜面般的反光效果。画出植物、陈设的色彩。最后提高光，完成效果图的绘制。

四、徒手快速表现步骤演示一（从整体框架入手）

步骤 1：直接用钢笔或针管笔先画出空间的基本框架。注意所选微角透视形式中线条倾斜度的变化规律。

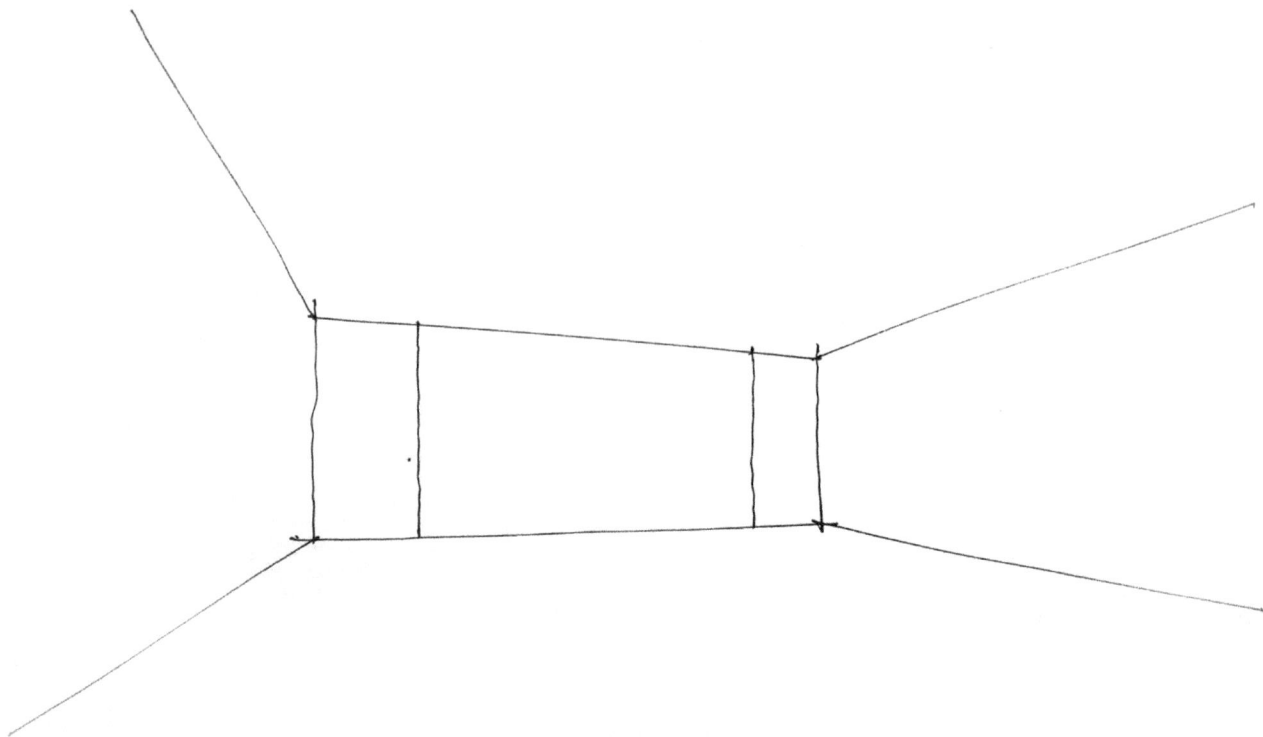

步骤 2：画出主体物，一般按照由外向里的顺序，每画一个物体甚至每画一根线条都要注意其透视角度的准确性，使整幅画面透视保持一致。

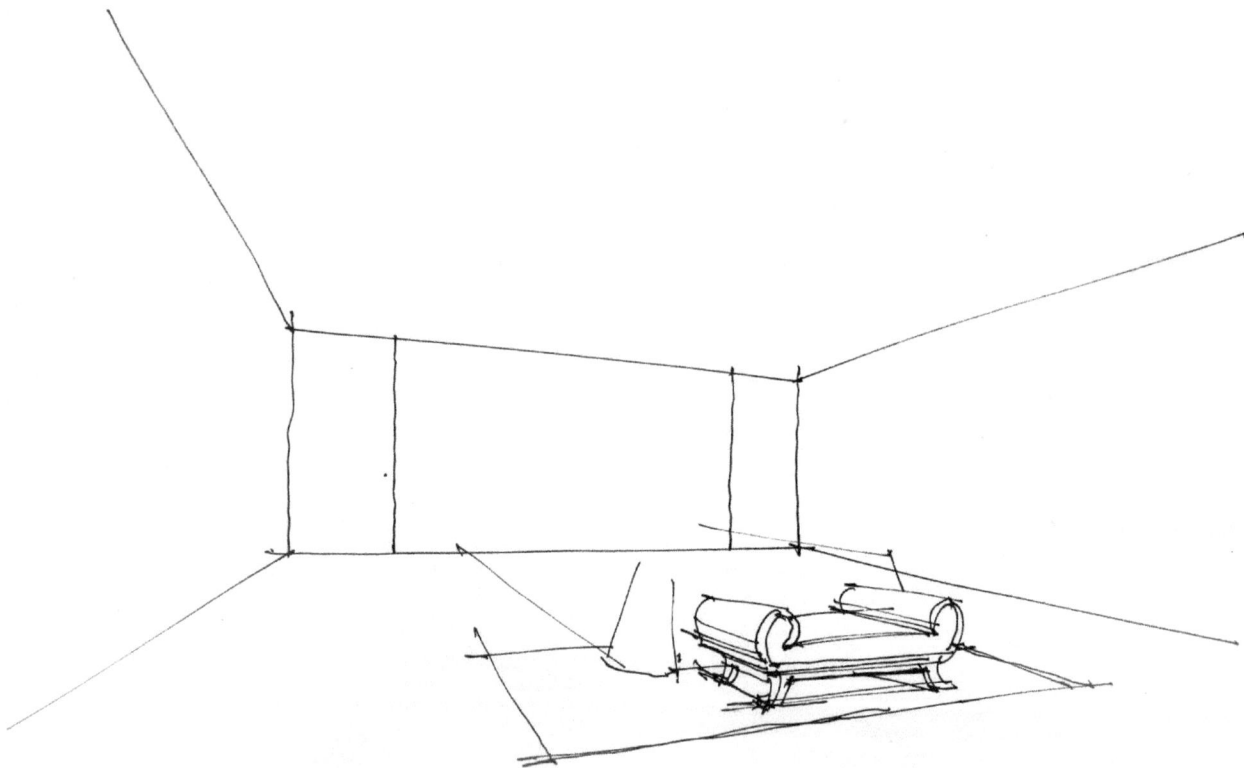

步骤3：进一步深入刻画主体物（床），可根据光源方向适当表达明暗关系。注意线条对物体轮廓的高度概括性，线条要简洁有力，结构简单明了。

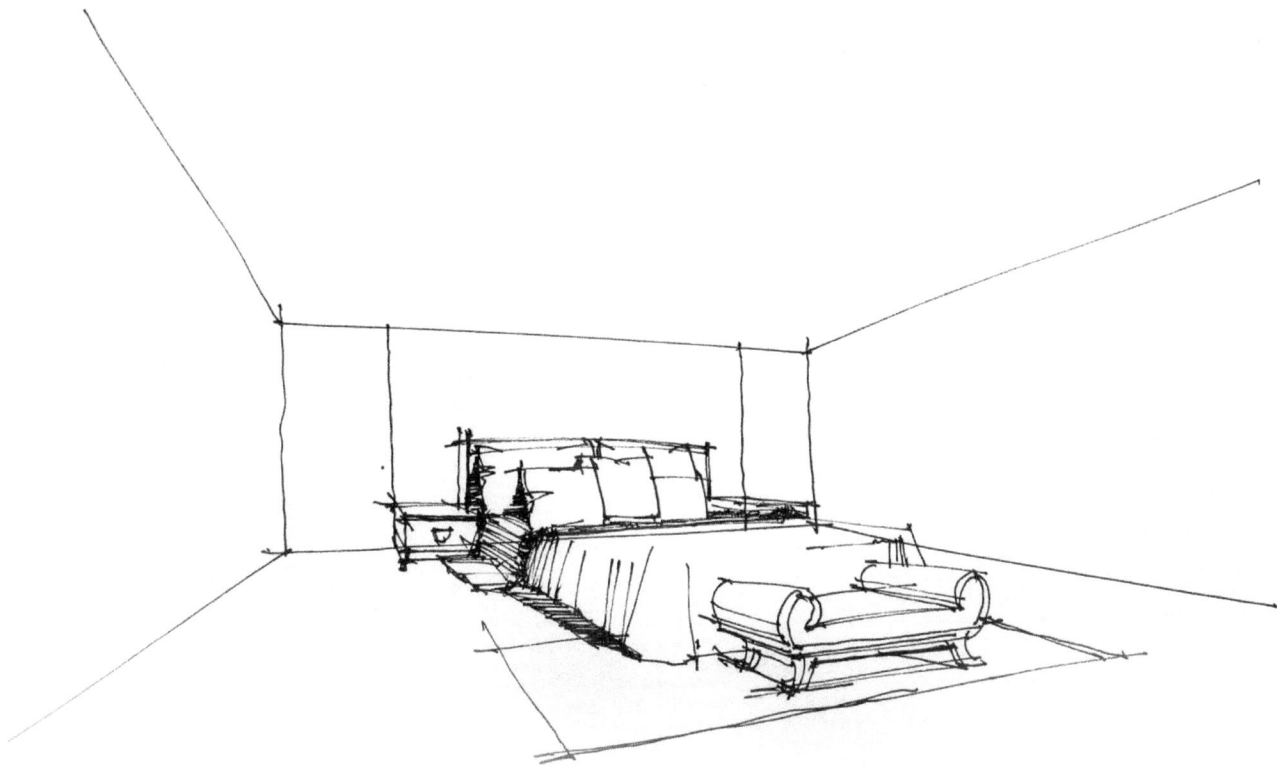

步骤4：画完主体物后，再逐步画出其他物体和陈设。

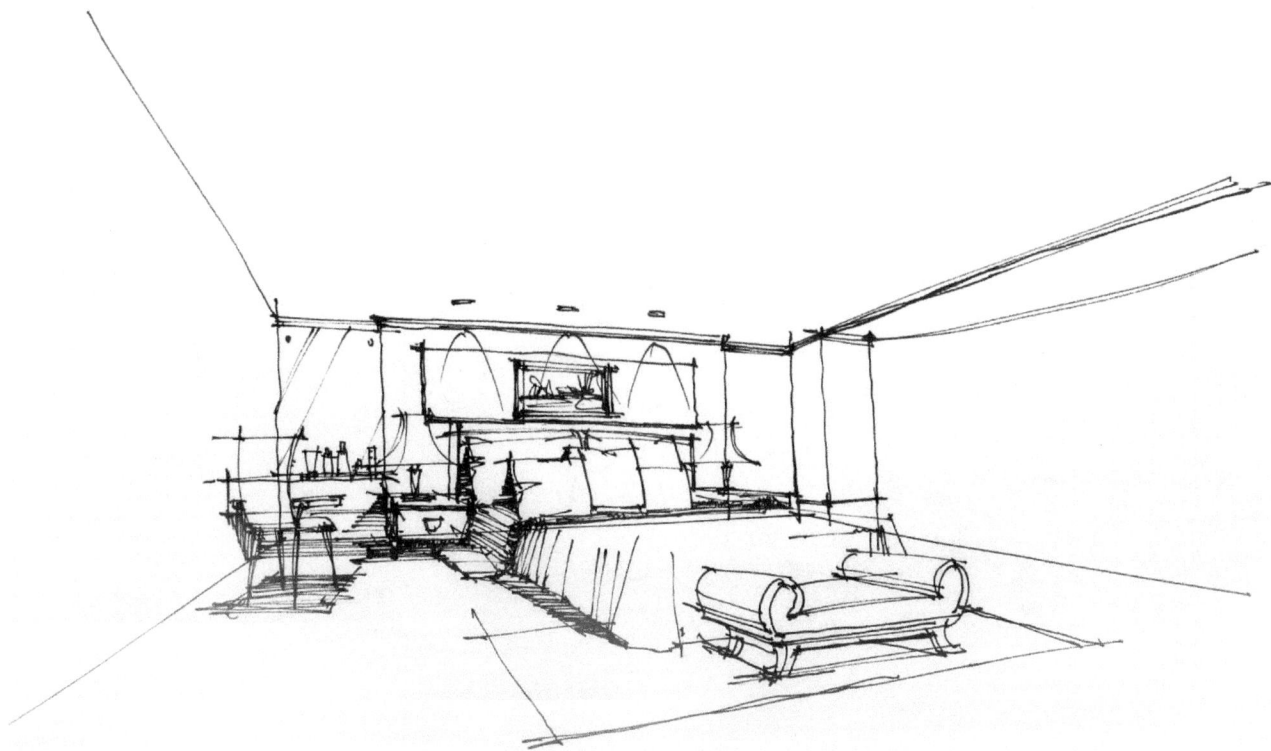

步骤5：画出灯饰、窗帘等物体，完善空间框架和结构。

步骤6：画出地面层次和质感，添加植物等配景。

步骤7：开始着色。先用灰色调表达出墙体和地面的层次和光影，再用重色画出物体在地面的投影。

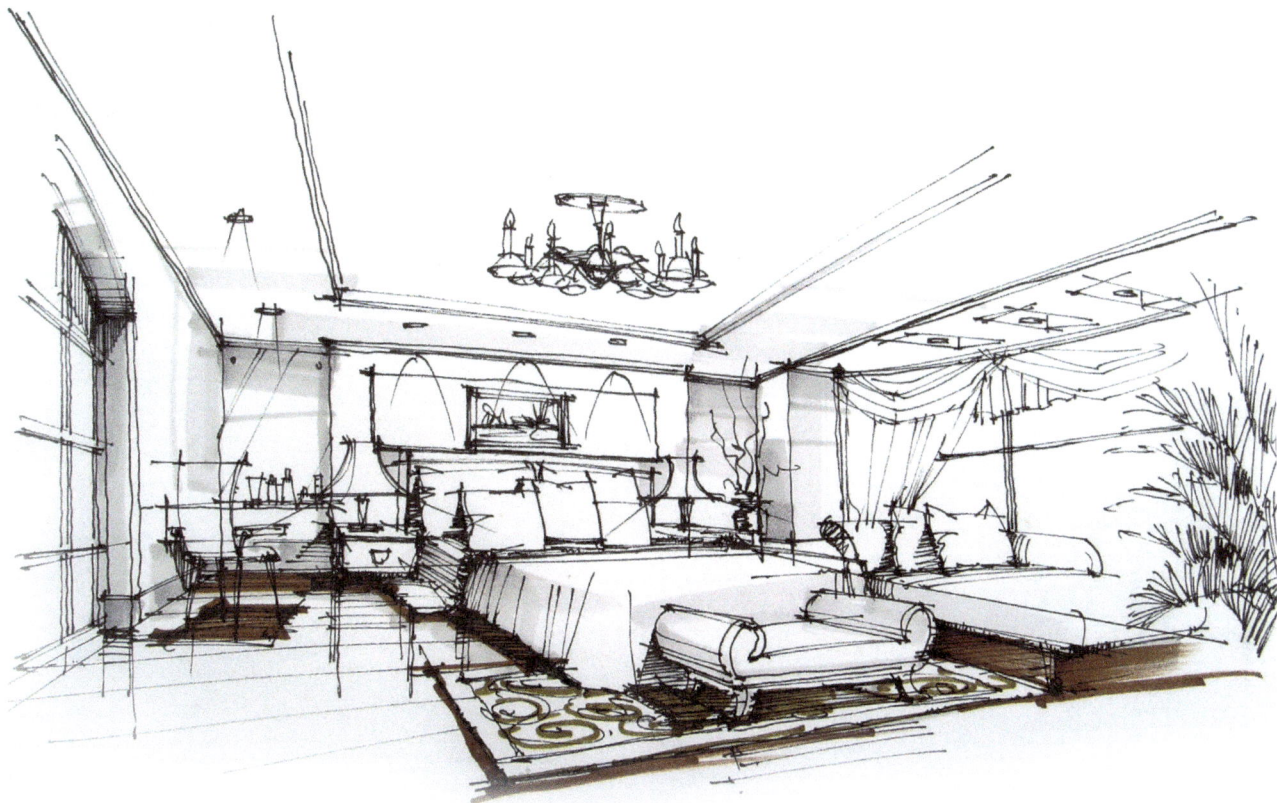

步骤8：表达主体物色调。注意明暗关系与立体感的表现，色彩用笔要轻松自然、干净利落、色调统一中有变化。并表达出材质特征。之后适当画出次要物体的色调。

步骤9：画出地板、门窗的色调。注意画出虚实感。

步骤10：画出窗帘、灯饰等物体的色彩，尤其要注意灯光效果的表达，通过灯光效果的颜色统一空间色调，并烘托环境气氛。最后画出植物等配景的色彩，完成效果图的绘制。

五、徒手快速表现步骤演示二（从局部入手）

步骤 1：从画面中心的沙发入手，在表达物体时要注意结构与透视消失点的关系。

步骤 2：画出右边的沙发，整排统一起来画，可先轻轻画出透视线，再依次画出沙发，特别要注意前后关系和
　　　　虚实关系。

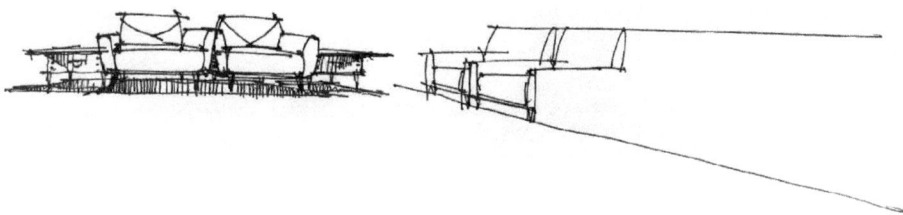

步骤3：画出左边整排沙发，与画右边沙发方法一致，作为主体的沙发基本完成。注意它们整体的透视关系及空间前后感的表达。

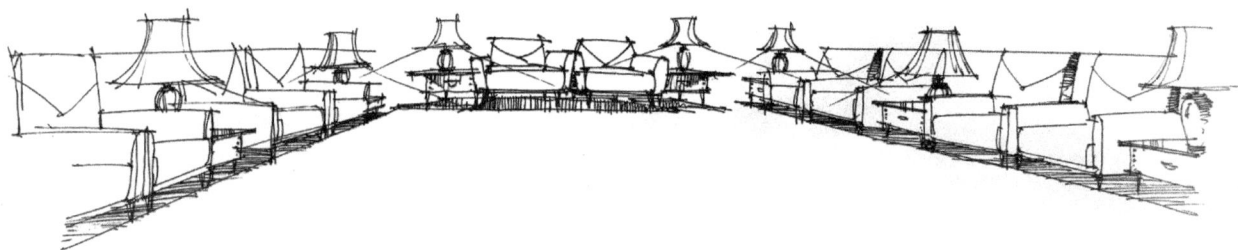

步骤4：画出墙体造型。注意微角透视中墙体的角度变化。

步骤5：画出墙体框架，并刻画出画面中心墙体的细节。进一步完善墙体结构和墙面细节。

步骤6：画出地毯、灯饰、植物等配景，完成空间线描稿。

步骤7：开始着色。先用灰色调画出空间阴影及地面倒影，然后画出木材的色调，注意用色和笔触的虚实、轻重、明暗的表达。

步骤8：画出墙体的色调。注意墙体要有上下的光亮对比。

步骤9：画出沙发、地毯、窗帘的色调。

步骤10：最后画出灯饰、植物等配景的色调，再调整地面暗部的色彩及反光效果，完成效果图的绘制。

园林景观效果图

步骤 1：确定透视形式和构图后，先用铅笔画出园林的大概轮廓。视平线要适当低一些，使画面更具仰视效果。
铅笔稿不宜画得太重和过于细致。

步骤 2：用钢笔或针管笔刻画。先从主体物入手，由主到次、由低到高逐步刻画。注意植物、花卉等景物的特征和前后关系的表达，形态要自然、蓬松而有体积感。

步骤 3：进一步完善主体花卉和植物的表达，可以适当表达出光影明暗效果。

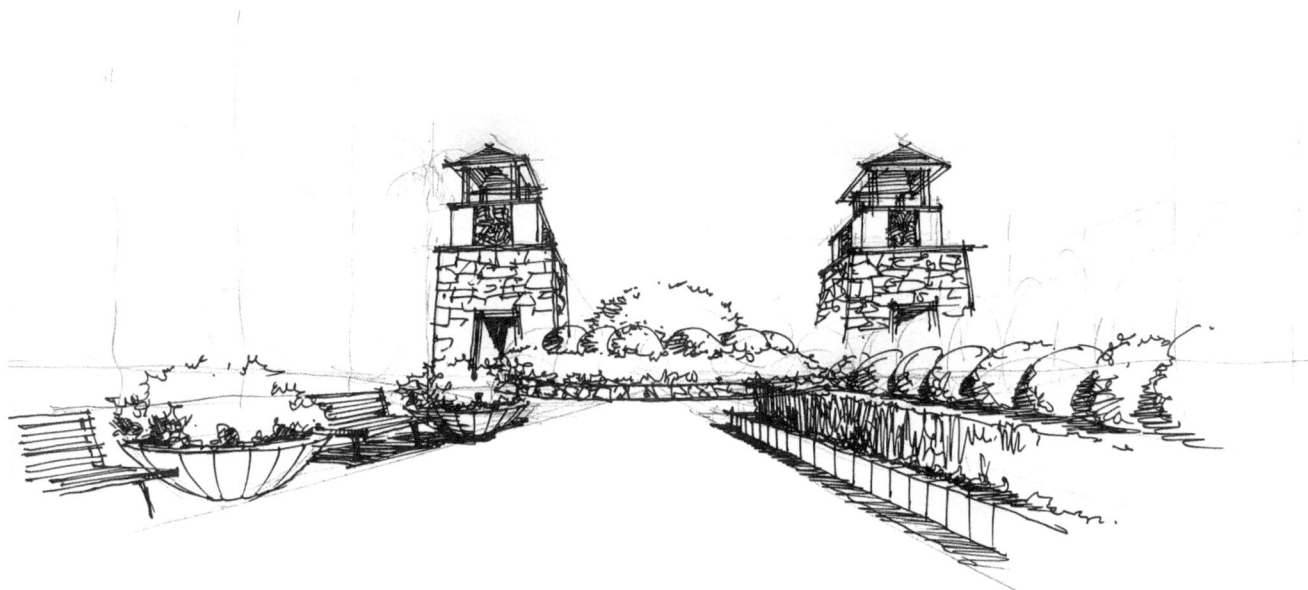

步骤 4：画出两边的次要植物，注意植物的透视和虚实变化。再画出地面砖块结构线和远景植物，远景只需要
画出其简单的轮廓。最后根据画面需要适当添加人物和彩球，使画面更加生动。

步骤5：开始着色。先画出主要景物的色调，植物、花卉色彩要明快，用笔要大气、轻松，还要注意植物体积感的表达和色彩搭配。

步骤6：画出次要景物的色彩，注意植物的整体感和层次感的表达，要起到衬托主景的作用。用笔要轻松自然、洒脱，表达出植物自然蓬松的感觉。

步骤7：画出地面的色调，根据地面材质画出其质感。一般地砖、木地板等材质都应适当表达出反光效果。然后用彩色铅笔表达建筑、植物、花卉等在地面的反光效果，以丰富地面的色彩。

步骤8：再画出天空和彩球的色彩。天空的用笔要大气、干净利落，才能体现出天空的气势感，彩球的色彩要起到点缀的作用。最后调整画面主次、虚实和对比关系，完成效果图的绘制。

建筑外观效果图

步骤1：根据成角透视原理，用铅笔画出建筑的基本造型。

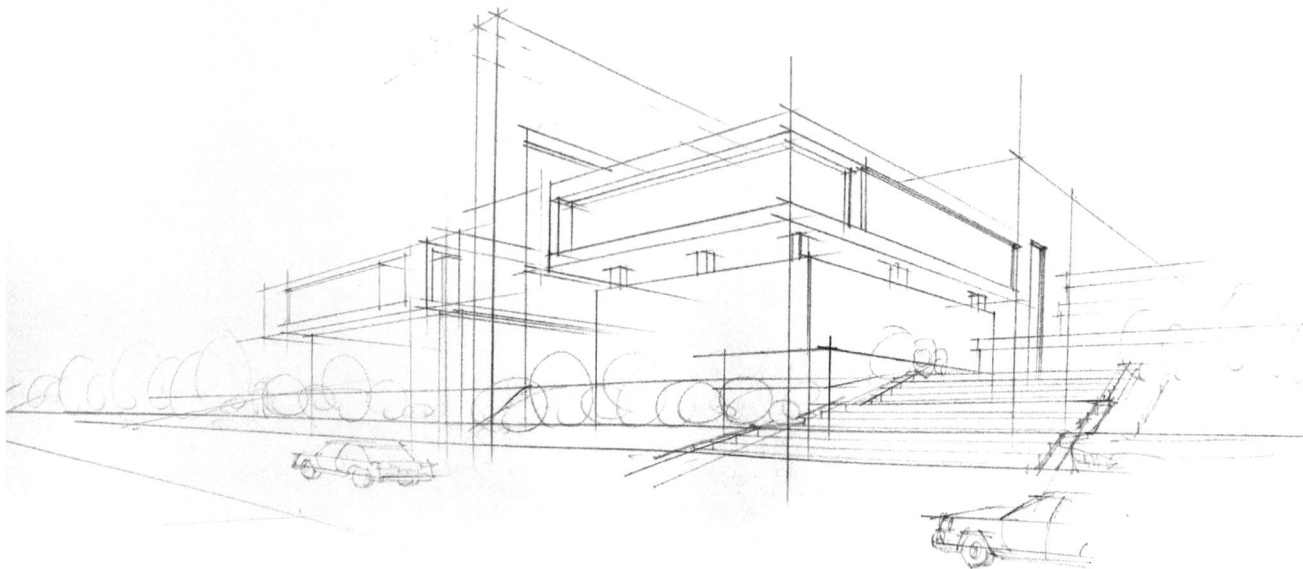

步骤2：用针管笔刻画建筑的轮廓和结构，注意轮廓线和结构线的主次与虚实关系。

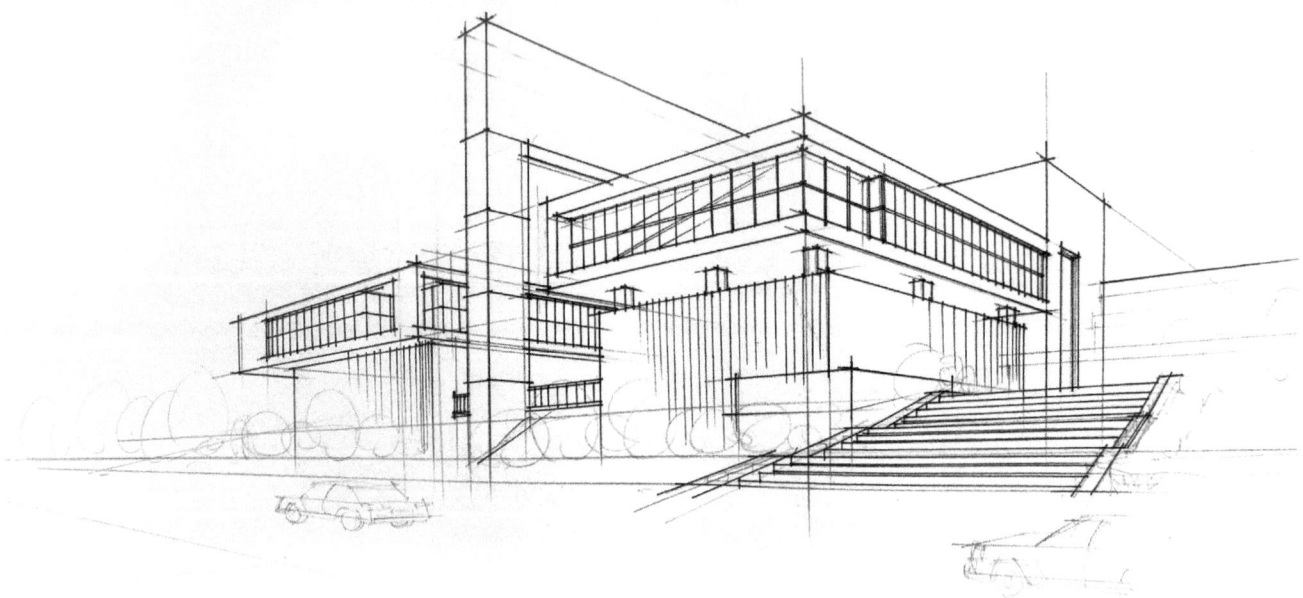

步骤3：根据光源方向画出建筑的明暗及空间立体感，然后画出人物、植物、交通工具等配景，注意配景与建筑的衬托关系。画出建筑或者植物在玻璃面的反光倒影，注意明暗关系的虚实处理。

步骤4：开始着色。先确定玻璃幕墙的色调，由浅入深画出玻璃的颜色及明暗。

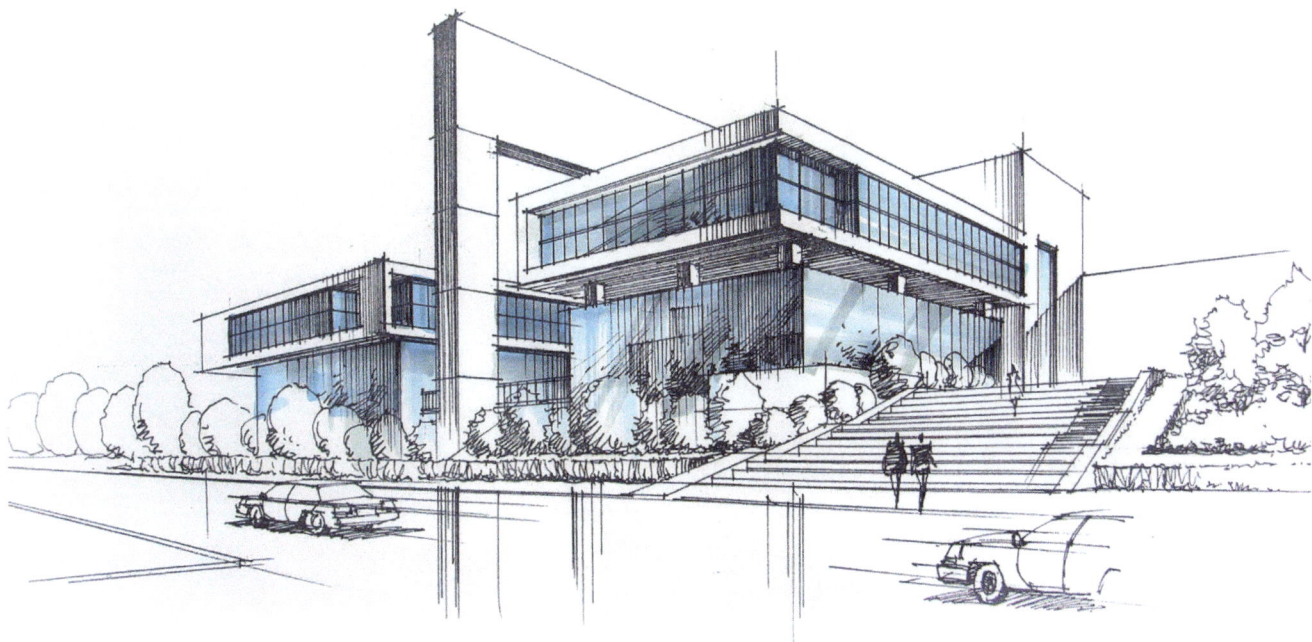

步骤5：加强玻璃的明暗对比，再刻画玻璃的质感。一般在建筑外观的玻璃表现中，会忽略玻璃的透明感而强调其镜面反光效果，并画出周边环境在玻璃上的影像效果。

步骤6：画出植物的色彩，对建筑物进行衬托和点缀。

步骤 7：画出地面色调。尤其在地面的质感表达中，可适当夸张表现地面的反光效果，色彩要丰富，并注意虚实感的体现。

步骤 8：最后调整画面。用涂改液适当点出玻璃的高光，用彩色铅笔调整建筑明暗面的冷暖关系。然后画出天空色调，用笔要大气且要体现出云彩的流动感，还要注意天空与建筑的谐调。完成建筑表现。

3

学生作品评析篇

　　该部分的作品来自于一些历届及在校学生的课堂练习，作品均为学生独立完成的设计创作。虽然在设计和表现上还有许多不足之处，表现技法也不够熟练，但是学生们大胆的创意和在技法上的大胆尝试，让我们看到了学生们丰富的想象力和设计潜力。通过对他们作品的点评分析，尤其是指出作品中的不足之处，相信对广大手绘爱好者学习手绘设计表现能起到一定的借鉴和参考作用。

图 3-1　别墅客厅表现一（作者：佘彦玲）

点评：该作品能较好地把握空间透视与比例，使画面具有很强的空间感。白色的沙发和豪华的窗帘花费了作者不少心思，加上阳光的摄入，增添了客厅的温馨氛围；洁白的沙发简洁却不简单，既明快又不失庄重；简化的欧式风格正是业者所追求的不矫揉造作且不失欧意的现代审美品位。缺点是壁炉上面的装饰墙线条有些单薄，顶棚装饰角线现有些单一，有点上简下繁的审美缺陷。

图 3-2 客厅效果图（作者：雷 金）

点评：作者用笔简练，用色大胆明快，笔法娴熟，能较好地把握木材及玻璃的质感，给人以干净利落的气魄。缺点是沙发略大，以致空间显得有些拥挤；局部用色有些太过鲜艳。

图 3-3 中式风格别墅客厅设计（作者：谢树鑫）

点评：该作品能较好地把握中式风格的设计要点，在家具造型、色调等方面都能体现中式风格的特色，主次明确，松紧适当。缺点是一层和二层空间缺乏连贯性，繁简过于明显。

图 3-4 别墅客厅效果图（作者：刘雯雯）

点评：该作品色彩强烈，细节刻画较为深入细致，墙纸与软包的质感表达准确，虚实结合，体现了该空间恢宏的气势。缺点是空间缺少了绿色植物的点缀。

图 3-5 简欧风格别墅客厅（作者：吴绮雯）

点评：作品亮点在于对材质的刻画比较到位，蓝色玻璃、电视背景的文化石、地板和墙面的大理石都表现得非常形象生动。缺点是沙发造型有些简单，尤其是单人沙发显得单薄，不够厚实。

图 3-6 欧式别墅客厅设计（作者：严炜欣）

点评： 主沙发和地毯表现很生动，物体造型的线条简练肯定，立体感强，色彩虚实得当，空间主次分明。不足在于前面红色长椅有些僵硬，画面右边可增加些绿色植物，以丰富画面构图。

图 3-7 现代欧式风格别墅客厅设计（作者：朱惠君）

点评： 电视背景墙的黑色石材表达较准确，吊灯及茶几都较有创意。缺点是沙发有些僵硬，楼板较单薄，需要画厚实些。

图 3-8 欧式客厅设计（作者：刘金瓶）

点评： 该作品线条精准、细节刻画精致、色彩细腻丰富，功力较深厚；家具造型繁简适度，色调雅致温馨。不足之处是电视背景的紫色和沙发的红色太艳。

图 3-9 现代风格客厅设计（作者：余佩津）

点评： 作品大胆采用黑色以体现一种空间的冷峻美感，一抹跳跃的红色给空间带来一片暖意。红与黑经典的搭配和对比，显示出了现代年轻人的审美时尚。如能在顶棚中延续这种格调，将使空间更具震撼力。

图 3-10 现代风格别墅客厅设计（作者：刘雯雯）

点评：黑色石材用笔简洁明快，质感强烈，窗帘的感觉也非常到位。不过沙发后面的造型设计有些简单，只用一块玻璃显得单薄又单调，楼板的设计也太简单。

图 3-11 现代风格客厅效果图（作者：吴信斌）

点评：作品细节刻画比较深入，色彩及明暗层次丰富，材质表达准确。缺点是空间有些空旷，可以加长吊灯，加强空间的连贯性，以避免过于空旷的感觉。

图 3-12 别墅客厅设计一（作者：杨礼琴）

点评： 空间色调较为淡雅，以灰调为主的空间，通过沙发和背景色调的点缀，使得画面不失明快；电视背景墙的刻画也较为精细。缺点是顶棚的灯具有些多，显得乱。

图 3-13 家居空间设计一（作者：冼冠成）

点评： 该作者对于透视和结构的把握比较熟练。线条简洁有力，用色准确大气；明暗层次丰富，立体感强；顶棚的光感表达也较为独特且效果强烈。不足之处是地板色块较零碎，缺乏整体性。

图 3-14 客厅设计效果图（作者：冼冠成）

点评：该作品线条简练、用笔准确、色调统一，用色用笔大气，灰调中加以少量的亮色，使画面不感觉沉闷。缺点是沙发背景中的黑色玻璃透明感不够。

图 3-15 家居空间设计二（作者：冼冠成）

点评：该作品的亮点在于对书柜的刻画，结构明确、立体感强；画面黑白灰的层次应用得很准确。缺点是书柜的侧面过于完整，如能用些花瓶或陶罐遮挡，会更加完美。

图 3-16 别墅客厅设计二（作者：方蕴莹）

点评：作品中电视背景墙的软包质感表达比较自然，成为画面的亮点；空间整体透视把握准确。缺点是沙发摆放不够紧凑，且高度不够。

图 3-17 别墅客厅设计效果图（作者：陈欢欢）

点评：作品造型简洁大气，材质表达比较形象生动。不足之处是电视机太高，电视柜的造型有些单薄；沙发不够紧凑，且不够高。

图 3-18 客厅表现（作者：廖申婷）

点评：作品色彩明快，层次丰富，对比强烈，材质表达准确。不足之处是画面主次不够明确，要注意虚实对比。

图 3-19 别墅客厅表现二（作者：陈剑波）

点评：该作品主次明确，虚实得当，空间立体感强。缺点是墙体结构倾斜度太强烈，原因是两个消失点太近，如处理好消失点的位置，画面会更加舒适谐调。

图 3-20 小区景观设计（作者：余意芳）

点评：作者能较好地把握景观的空间和透视，造型表达准确生动。但是水池中喷泉位置太靠边，应放在水池中间，且水柱应喷高一些；岸边的花盆可去掉几个，造型的美感也有待提高。

图 3-21 景观设计效果图（作者：余意芳）

点评：作品主次明确，空间透视感强，两边椰子树表现比较生动、虚实自然。不足之处在于远景植物层次感不够，显得有些单薄，且颜色不必这么艳，整体色调可以暗一些，那样将对前景起到更好的衬托效果。

图 3-22 小区休闲景观表现（作者：林珊珊）

点评：作品色彩明快，层次丰富，空间透视感强。缺点是两边植物在色彩上也要根据远近而产生变化，近的植物色彩要明快鲜艳、对比强烈；而后面的植物整体色调应偏暗一些，且层次更简单。

图 3-23 休闲景观设计（作者：谢树彪）

点评：该作品主次明确，虚实得当，空间立体感强，景物表达较自然。缺点是天空的表达不够生动，右边的植物还可以再高一些，以打破构图过于对称。

图 3-24 景观设计表现一（作者：卢丽斯）

点评：园林景观表现的难点在于植物配景的表现。该作品能较好地表达植物轻松自然的特点，层次丰富；水面质感表达也较为准确。不足是前景的植物石块可以再简练些，不必太细；右边这棵树可以再生动些。

图 3-25 园林设计表现（作者：卢丽斯）

点评：作品空间感强，植物用笔轻松自然，流水和石块层次丰富，虚实感处理较好。缺点是左边植物造型不够生动，人物太小。

图 3-26 园林表现
（作者：余意芳）

点评：该作品在构图上非常有趣味性，用墙体的轮廓形成画面的虚实构图，更突出江南建筑的特色。在表现技法上汲取了国画的一些特点，使画面更具装饰性，从中也能感受到作者对江南园景特色的理解和情趣的把握。

图 3-27 中式园林表现（作者：余意芳）

点评：植物简洁明快的色调和故意留白的建筑造型形成鲜明对比，使景物相互得以衬托。表现笔法独特，画面清新自然。

图 3-28 景观设计表现二（作者：谢文伟）

点评：本作品能较好地表达玻璃的透明效果，主题突出；水面质感也较为生动形象；植物前后对比明确。缺点是左边的树的位置不当，可往左再偏一些，可用少量的树枝遮挡建筑的轮廓，那样画面构图将更加完美。

图 3-29 建筑设计表现（作者：刘明莉）

点评：建筑结构表达明确，光影刻画细致，立体感强，玻璃及石头墙的质感表达准确、形象。不足之处在于植物配景的表现，在造型上不够生动，与建筑相辅相成、互相衬托的感觉不够。

图 3-30 商业建筑设计表现（作者：张　浩）

点评：建筑透视表达准确，立体感强。缺点是玻璃的质感表达不到位，涂色过于简单；红色的墙体明暗面的对比不够；植物的表达有些机械，不够生动；地面色调可加重，应强调地面反光；天空太简单，气势不够。

图 3-31 别墅外观设计表现（作者：黄宇辉）

点评：建筑结构比例准确，光影表达较到位。缺点是玻璃上的植物倒影用笔有些碎；建筑两边的植物配景有些空，左上角的树枝有些突然。

图 3-32 现代风格别墅表现（作者：梁嘉欣）

点评：该建筑造型独特、现代感强、层次分明，光影及玻璃质感表达准确。缺点是玻璃色调过于单一，可适当增加环境色；其次是天空中云朵造型不够自然。

图 3-33 建筑造型设计（作者：黄志波）

点评：建筑造型独特新颖，扭曲变形的几何形体更加表达出建筑的震撼感；画面立体感强烈，层次分明。缺点是建筑前后的虚实处理不够。

图 3-34 高层建筑表现（作者：王一飞）

点评：该作品很好地表达出了建筑的雄伟气势，立体感强烈，玻璃幕墙质感表达到位；主次鲜明，虚实恰当；天空层次丰富，能较好地烘托出建筑的气势。不足之处在于植物的表达过虚，旁边的小建筑色调与整体不够谐调，汽车不够生动。

作品赏析篇

　　本章主要精选了作者本人平时教学中的示范作品和部分实践案例作品，题材涵盖了室内家居空间、室内公共空间、园林景观和建筑外观。作品中大部分为作者的实践创作，也有部分作品是对其他手绘强人优秀作品的临摹所作，为的是从中汲取他人之长，补己之短，在学习他人的画法中也融入了自己的风格。也希望能通过作品的交流，更好地将手绘设计表现技能发扬传承下去。

室内家居空间部分

图 4-1　某客厅效果图

　　本作品用针管笔以素描的表现形式精细刻画，使画面达到一种单纯、宁静、雅致的特殊效果。重点刻画沙发的立体感，强调其厚实舒适的感觉；玻璃茶几注重其透明感的刻画，让物体简洁而不简单；画面最吸引人的地方在于室外光线的照射和地面反光效果的刻画，通过光感营造温馨雅致、宽敞明亮的室内效果。

图 4-2 现代风格客厅效果图一

该作品采用微角透视，为了更好体现空间的气势而降低了视平线，增强仰视效果。画面重点强调沙发、背景墙及电视墙，虚化了楼梯和餐厅，使画面主次更加明确。线条简练、结构明确、空间感强是该作品最大特点。

图 4-3 新古典风格客厅设计

　　本作品的亮点在于对细节的深入刻画以及对材质的准确把握。沙发表面凹凸感以及毛披的质感体现了室内的奢华；电视背景的黑色玻璃纵然色彩丰富，但并不破坏黑色的稳重和玻璃的镜面效果。

图 4-4 中式风格客厅效果图

　　画面采用成角透视，电视柜的通透感，将客厅与餐厅分开又不失整体感。家具造型简洁但不失中式风味，画面主次明确，空间层次丰富，给人以不失庄重和传统的现代中式风格特点。

图 4-5 现代风格客厅效果图二

　　简洁、现代的设计，往往在手绘表现中很难体现其效果。该作品能把简单的物体造型通过强调其质感和明暗，使画面具有很强的空间层次感，加上墙纸的表现，使空间看上去并不单调，简洁而不简单。

图 4-6 欧式别墅豪华客厅设计

　　高大宽敞的别墅客厅，重点在于体现整体空间的恢宏气势。本作品既体现了空间的整体气势，又能对一些细节进行精细刻画，如扶手铁艺、文化石背景墙等；豪华的水晶吊灯贯穿整个空间，更显豪华大气。

图 4-7 现代风格客厅设计

　　简洁、现代的空间和家具造型，通过枕头色彩的点缀，使画面不再沉闷，几片植物叶片的点缀也使画面充满生机，落地灯的弧线更是起到了刚柔相济的效果。

图 4-8 现代风格客厅效果图三

　　鲜艳的红色沙发由于强调了明暗和光影效果而并不会显得刺眼，墙上的现代装饰画，更体现了主人的欣赏品位；近景的单人沙发的虚化，使画面构图更具趣味。

图 4-9 简约风格客厅表现

　　大面积的玻璃，由于其镜面反射效果，往往成为手绘表现的难点。本作品恰恰通过玻璃的互相反射，使单纯的墙面变得丰富多彩，使简单的空间变得妙趣横生。

图 4-10 简约风格客厅设计一

　　电视背景墙的文化石和玻璃都是质感特点十分强烈的材质。本作品抓住了其各自特点，用笔简练大气、生动形象；沙发的简练处理，体现了作者准确把握画面主次和虚实的能力。

图 4-11 简约风格客厅设计二

　　作品空间造型简洁、色调淡雅，墙体大面积留白，更体现了室内空间的现代简约设计风格。地面丰富的色彩既体现了地板的反光质感，也使简洁的空间在色调上显得更加丰富。

图 4-12 现代风格客厅表现一

　　作品中电视背景墙图案的刻画成为一大亮点，再加上室外光线的摄入，使空间营造了一种优雅浪漫的生活气息。

图 4-13 客厅设计表现一

有色卡纸的优点是能很好地统一空间色调；缺点是色彩不够鲜明，且麦克笔颜色画上去之后会变色。本作品较多地使用彩色铅笔提亮，增强了画面的层次感；白色彩铅画出的暗藏灯效果也比较自然。

图 4-14 复式居室客厅表现

米黄色的卡纸为画面营造了一种温暖的氛围，涂改液的提亮效果，使玻璃材质更加生动，也很好地体现了地毯毛茸茸的质感。

图 4-15 欧美风格客厅设计（临摹）

原色木材的表现是该作品的重点，运用麦克笔的枯笔效果，很好地体现了木材的自然肌理。

图 4-16 现代风格客厅表现二（临摹）

近处两张沙发的摆放，让空间更加生动，但是在绘制的过程中要掌握其透视形式的变化。该作品大空间采用的是微角透视，但两张沙发却是成角透视，如何在同一空间中把握不同的透视，这是对设计师的一种考验。

图 4-17 客厅设计表现二（临摹）

黑色的电视背景和玻璃在表现中有较大的难度，一定要准确把握其明暗的对比和反光的体现，否则将难以体现石材的光泽和玻璃的透明感。

图 4-18 现代居室客厅表现（临摹）

该作品的亮点在于黑色饰面的墙体的表现，用灰色和环境色大胆地体现石材的反光效果，再加上简练到位的几笔黑色，使黑色石材达到逼真的效果。

图 4-19 卧室效果图表现一

卧室的主体物虽然是床，但是该作品在表现中反而重点刻画立面和背景，主体物床则是淡淡着色，然而最终突出的仍然是床，这就是对比的作用。该作品灵活应用这一特殊技法，达到了很好的表现效果。

图 4-20 现代中式风格主卧室设计

　　该作品在家具设计时，在融合了中式风格的造型特点上进行简化，使其在不失传统底蕴的基础上体现了现代人的审美情调。

图 4-21 卧室效果图表现二
该作品线条简洁大气，色彩用笔准确到位、干净利落，色彩层次丰富、材质表达生动。

图 4-22 现代卧室设计
圆形的红色大床加上红色透明的纱帐，营造了空间的浪漫气息。

图 4-23 主卧室设计表现

　　该作品的难点在于主体物床的纵向表现，强烈的压缩感很难体现其立体效果，但是本作品仍能准确地把握床结构和明暗关系，其立体感毫不逊色。卫生间的玻璃门色彩用笔轻快简练，很好地缓解了红色家具的单调。

图 4-24 卧室设计表现（临摹）

　　简练的线条并没有使床的造型显得简单，而是体现了线条的高度概括性，这是值得我们学习的地方。

图 4-25 餐厅效果图表现
简洁的餐桌造型配合简练有力的色彩用笔，将简单的空间体现得丰富而富有时代气息。

图 4-26 豪华餐厅设计
豪华的墙体饰面，以及阿拉伯地毯，体现了主人的奢华及尊贵的地位。

图 4-27 餐厅设计效果图

图 4-28 餐厅设计表现

室内公共空间部分

图 4-29 酒店大堂设计效果图

公共空间的难点在于如何把握其空间的高大和气势，重点把握空间的大框架的透视，而对于一些具体家具的表现，则是简要概括其造型，省略细部。该作品在沙发和楼梯等细节上进行了简化，着重刻画了水晶灯的效果。

图 4-30 酒店餐厅设计表现

　　餐厅中众多的桌椅让不少画者觉得吃力。该作品重点刻画了最外边的桌椅，后面的则通过前面物体的遮挡若隐若现，使其形成一个整体。再通过加重立面和地毯等环境的色调，衬托出桌椅，体现出了气势恢宏的场景。

图 4-31 酒店大堂效果图（临摹）

　　酒店大堂中粗壮的圆柱以及中庭高大笔挺的树，烘托了空间的气魄。立柱上下色调的深浅变化，既丰富了画面层次，还很自然地体现了顶棚灯光所形成的明暗效果。

图 4-32 中餐厅设计（临摹）

　　该作品中明清家具非常明确地体现了其餐厅的设计风格。大块的石材地板和室内太湖石及绿化的点缀，让人仿佛置身于苏杭园林之中。

图 4-33 餐厅设计方案一
　　虽然只表现了餐厅的局部，但仍能体现出空间的大气与氛围。红色的主打色烘托了环境的热烈、喜庆气氛，整齐的天花吊顶，给略显凌乱的空间带来秩序感。

图 4-34 餐厅设计方案二
　　此方案与图 4-33 为同一空间的另一种风格的设计。餐桌椅的虚化处理，使画面更具构图的艺术性。

图 4-35 咖啡厅设计效果图

咖啡厅的设计表现有别于餐厅，更注重室内空间的情调和舒适性。画面中的曲线形水晶吊灯和皮质长沙发，都很好地诠释了这一特点。

图 4-36 东南亚风格咖啡酒廊

此作品再次体现了两种透视在同一空间中的应用。几组桌椅由于斜放而产生成角透视，而整体空间则是微角透视。不同的透视使画面形式更加丰富，也更好地营造了休闲空间的轻松氛围。

图 4-37 商场大厅设计效果图

该作品重点刻画了门厅部分的造型，黑色石材的屏风给人以醒目、强烈的视觉效果；倾斜的红色柱子，使空间更具动感，并活跃了空间气氛；强烈的虚实效果，使空间具有很强的纵深透视感。

图 4-38 某售楼中心设计

曲线形的顶棚增强了室内空间的时尚感，并与深色的顶架形成强烈对比，不规则的空间使空间更具趣味性。

图 4-39 服装展示设计

该作品为某服装品牌展示设计，通过强烈的色彩对比，体现了服装品牌的风格。

图 4-40 某电子产品展示设计（临摹）

该作品线条轻松有力，色彩明快洒脱，体现了作者在表现中的自信。强烈的明暗和色彩对比，以及大胆的虚实处理，让画面更具感染力。

图 4-41 某电视台展区（临摹）

橘黄色的色块很容易使该展区在众多的展区中脱颖而出，再加上顶棚和地板强烈的重色对比，使画面具有很强的空间立体感。该画面用笔大胆，笔法肯定有力，很好地体现了空间的气势感。

图 4-42 某化妆品产品展示（临摹）

倒金字塔状的玻璃结构，加上玻璃表面丰富的色彩反光，很容易吸引顾客的眼球。顶棚简洁有力的用笔更增强了画面的气势感，地面强烈的反光和绚丽的色彩使展区的气氛得到进一步的活跃。

园林景观部分

图 4-43 别墅景观设计

该景观通过由亭子里面往外看的视觉效果，使画面构图显得生动有趣。一近一远，拉开了画面的空间感。着重刻画远景的植物和流水，而虚化近处亭子里的物体，让人自然而然地将趣味中心定格在绿色环绕的景观中。

图 4-44 某广场景观设计

　　该作品重点刻画彩色雕塑，再通过背景植物的衬托更体现其主体地位；加上喷泉水柱的穿插，形成一种具有动感的生动画面。半球状的喷泉，要注意其透明感的体现。

图 4-45 公园景观设计一

    该作品由于木桥的两段角度不同，因此两种透视并存。红色的门框作为画面的中心，准确地把握其成角透视规律，使画面具有很强的空间感；远景的植物衬托了主体物的气势，近处的棕榈树突破天际线，让构图更加完美。

图 4-46 某别墅区景观设计

　　作品重点刻画了水景中流水的效果，形象而生动；植物用笔自然轻松，体现了植物的蓬松感；色彩艳丽的花卉活跃了环境氛围，虚化的建筑也很好地体现了画面的主次关系。

图 4-47 休闲小景设计一

　　强烈的透视感让高低错落的空间变得有序，不同的植物类型也让空间的构图变得丰富。直线感强烈的台阶和水景墙，与不规则的植物形成刚柔相济的完美构图。

图 4-48 海豚湾假日酒店泳池及景观设计

　　顽皮活泼的海豚形象突出了该酒店的主题，叠水和喷泉更使画面具有动感，高大的建筑并没有抢夺以游泳池为主的景观设计主题。画面动静相宜，让人流连忘返。

图 4-49 休闲小景设计二

　　瀑布、水池是造景中常用的手法，瀑布要体现其透明感，而水面要表达出碧波荡漾的倒影效果，所以要注意水面的整体色调和局部的倒影变化。再通过墙体和植物的透视变化，体现出景观的空间感。

图 4-50 某公园小景设计一

　　石头墙的刻画要注意其上下的明暗渐变，水面的用笔要与空间透视一致。光影的表现使画面更具空间感，景观中矮墙和花台的投影随地面高低和材质的变化而形成丰富的图形和色彩变化，让空间更加形象生动。

图 4-51 园林景观设计

亭台楼榭常常作为园林设计中的主要题材。该作品重点对亭子的细节进行刻画，虚化了植物的表现，以更好地体现主次对比。

图 4-52 公园景观设计二

图 4-53 休闲小景设计三

图 4-54 某公园小景设计二

图 4-55 某公园主干道景观设计

图案型的花卉造型在景观设计中较为常用。在表现中要注意曲线图案在透视中的变化，以及光影所带来的立体效果体现。

图 4-56 滨江咖啡茶座表现

图 4-57 公园休闲小景设计

图 4-58 某校园景观设计表现一

图 4-59 某校园景观设计表现二

图 4-60 某校园景观设计表现三

建筑外观部分

图 4-61 别墅外观设计

图 4-62 现代风格别墅设计一

图 4-63 欧式别墅设计

　　为打破过于对称的构图，往往会在画面中的某个角落点缀一些枝叶，既拉开了空间感，又丰富了画面的构图。这是建筑表现中常用的手法。

图 4-64 现代风格别墅设计二

简练、单纯的几何体组合，通过门窗在造型和材质上的变化而不会显得沉闷和单调。植物穿过屋顶，让建筑与植物融为一体，体现了现代建筑设计中环保概念的融入；右边大树突破天际线的构图形式，使画面不再沉闷。

图 4-65 流水别墅

建筑大师赖特的经典设计，无论是在设计还是在表现中都值得我们深入地探讨和研究。

图 4-66 水边别墅

　　本作品用细腻的笔法准确刻画了建筑的造型结构，尤其是玻璃、石墙等材质的表达，形象而生动；粗壮有力的树干拉开了空间距离，墙壁上的落影更是给单调的白墙增添了图案般的装饰。

图 4-67 某国际会展中心设计效果图
　　看似不规则的几何形体，其实隐藏着某种规律。笔直而高高飘扬的彩旗，丰富了画面构图；天空单纯的垂直笔触，与横向结构的建筑形成纵横对比，进一步展示了建筑的特色。

图 4-68 高层建筑外观设计

　　该作品中建筑结构采用不同角度的倾斜变化，体现了该建筑设计的特色；天空的表现也打破常规，一改正规正矩的写实画法，而是依照建筑的角度，顺势画出干劲有力的笔触，更凸显出建筑的特色，强化建筑的气势感。

图 4-69 半山别墅设计（临摹）

　　为了表现别墅的雄伟气势，在构图时有意把视平线放低，以加强仰视感。建筑后面的植物用深色压重，与建筑形成强烈对比，衬托了建筑的主体地位。

图 4-70 住宅建筑设计

图 4-71 欧式别墅外观设计

图 4-72 某电子公司办公楼设计

　　黑色玻璃的表现与其他玻璃一致，只是以灰色和黑色为主。先表达玻璃块面的明暗立体感，然后重点体现玻璃的镜面反光效果，注意天空、植物等环境色在玻璃上的体现。

图 4-73 某公共建筑设计一

圆柱形玻璃材质的表达非常形象生动，是该作品的亮点。

图 4-74 某汽车俱乐部建筑外观设计（临摹）

图 4-75 某小区别墅设计

图 4-76 现代别墅外观设计

图 4-77 某现代别墅设计（临摹）

图 4-78 某公共建筑设计二（临摹）

图 4-79 某小型科学馆设计

图 4-80 别墅设计

图 4-81 某公共建筑设计三

不规则的倾斜结构使本来简单的立方体变得生动而具有动感。橙色与黑色的对比，既强烈又时尚，是现代建筑常用的表现手法。

图 4-82 建筑外观设计表现

图 4-83 别墅设计效果图
不规则几何形体组合,展示了该建筑的现代风格特点。流水与绿化、蓝天与白云,又让该建筑与现实相联系。

图 4-84 现代别墅设计
简洁的几何体的组合和堆砌,以及大面积玻璃幕墙的应用,体现了简约而不简单的建筑风格。

图 4-85 某购物中心建筑外观表现

　　明快的玻璃色调及光影质感，室内明亮的灯光和地面的反光，体现了现代都市浓厚的商业气息。玻璃幕墙质感的表达是本作品的亮点。近景笔挺、暗化处理的树，既拉开了画面的空间感，又使构图更有层次感和艺术感。

图 4-86 某宾馆鸟瞰图

图 4-87 某商住中心鸟瞰图（临摹）

该作品是三点透视的具体应用。倾斜的建筑并不会给画面带来不稳定感，反而使画面显得更加生动且更符合视觉效果。这就是三点透视的特别之处。

图 4-88 城市规划设计鸟瞰图

大场景的空间感的把握，是在准确把握透视的基础上强调物体的远近虚实。该作品中笔直整齐的街道、错落有致的建筑和成行成片的绿化点缀，组成一幅现代都市蓬勃发展的蓝图。

图 4-89 别墅设计快速表现

图 4-90 现代风格别墅徒手表现

徒手快速表现必须具备扎实的透视与手绘功底，每根线条的透视角度、物体的明暗、虚实等在看似随意轻松的画面中均能准确把握，同样在着色中也能感受到用笔的准确和挥洒自如。

图 4-91 某国际会展中心设计方案一

　　追求形式和美感是现代建筑的设计趋势。该作品利用抽象几何形体和曲线为手法，加上玻璃等现代材料的运用，体现了建筑富有时代感的造型与高科技的完美结合。

图 4-92 某国际会展中心设计方案二

图 4-93 某小型建筑设计快速表现（临摹）

图 4-94 别墅建筑快速表现（临摹）

　　本作品的经典之处并不在于建筑，而在于植物的表现。前景暖色调的植物笔法轻松自如，后面以灰调为主色，同样能把植物表现得精彩，笔直挺拔的树干与建筑形成一高一低、一暖一冷的对比效果。

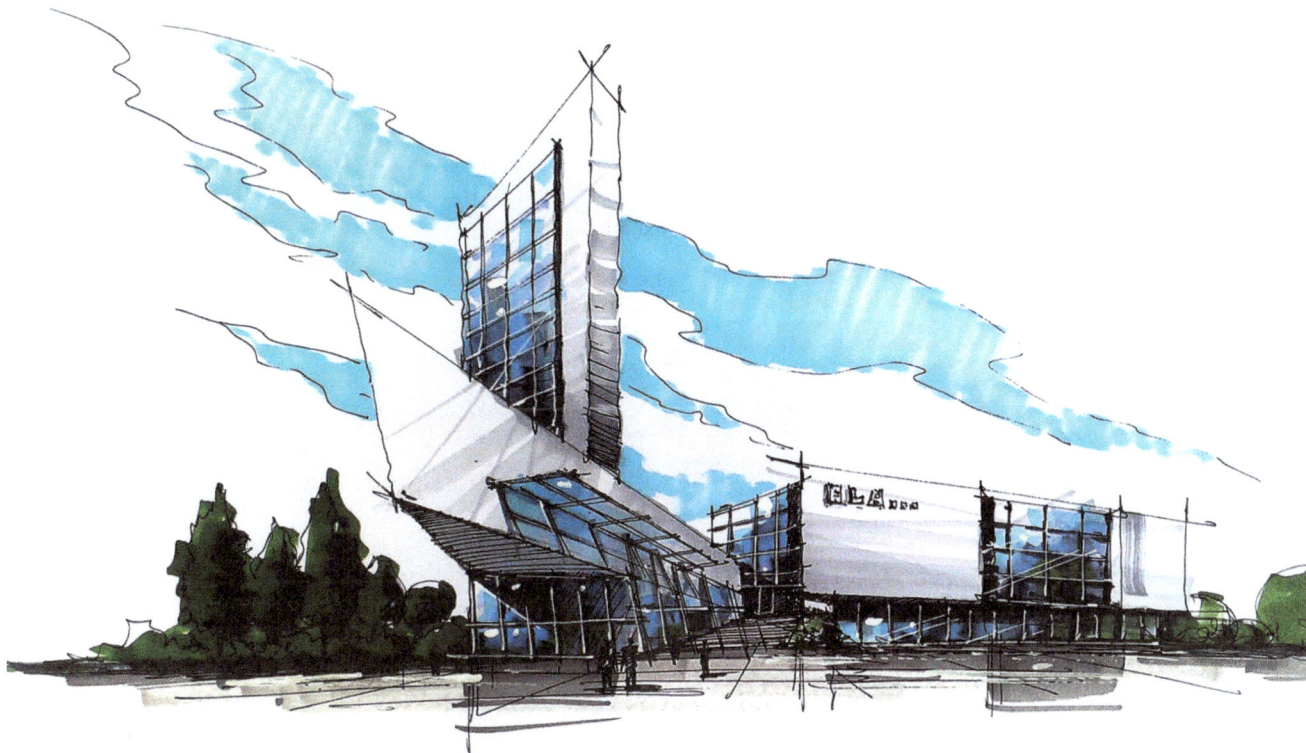

图 4-95 建筑设计快速表现

图 4-96 高层建筑快速表现

图 4-97 高层建筑设计效果图